상식으로 알아보는 **몸의 과학**

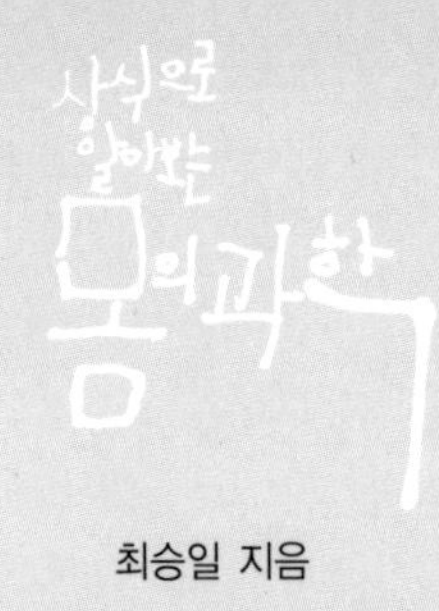

최승일 지음

YANG 양문 MOON

머리말 21세기 경쟁력은 과학 상식이다

사람들은 과학하면 흔히 '어렵고 복잡하며 지루한 이론과 법칙을 외워야 하는 학문' 이라는 생각을 떠올립니다. 21세기가 분명히 과학의 세기인데도 말입니다. 그러한 반응은 학생들 또한 별반 다르지 않았습니다. 그래서 어떻게 하면 과학을 좀더 소통 가능하고 활용 가능한, 즉 살아 있는 과학으로 이해시킬 수 있을까 하는 것이 과학교사로서의 화두였습니다. 그 방법의 하나로 인터넷이나 다양한 독서를 통해 얻은 흥미롭고 유용한 이야기를 '생물' 수업시간에 학생들에게 들려주게 되었습니다. 의외로 반응이 좋았고, 학습효과 역시 훌륭했습니다. 그리고 수업시간에 학생들에게 들려준 이야기들을 한국과학문화재단 인터넷과학신문 《사이언스 타임즈*The Science Times*》 청소년판에 연재하게 되었습니다.

《상식으로 알아보는 몸의 과학》은 이 글들 가운데 '신체과학' 에 관한 부분만 모아 재편집한 책입니다. 제목에서 알 수 있듯이 이 책은 "사람들이 알고 있거나 알아야 하는 '보통지식' 으로 읽을 수 있는 '신체과학' 에 관한 교양서"입니다. 그러므로 어떤 내용은 인터넷과 책에서 한번쯤 접한 어느 교수님과 선생님의 글이거나 말씀일 수 있습니다. 결과적으로 그분들의 글과 말씀이 학생들의 '생물' 과목 수업에 잠재적 도움이 되었을 뿐 아니라 이 책의 출간에도 숨은 공로자가 된 셈입니다.

교직 초기부터 중장년에 이르기까지 선생님들이 느끼는 공통된 변화는 거의 유사합니다. 초기에는 무엇을 가르칠 것인가에 초점을 맞추다가(내용), 다음 단계에는 어떻게 가르칠 것인가에 관심을 가지게 됩니다(교수법). 세번째는 학생들이 가르친 것을 그대로 받아들이지 않는다는 사실에 주목하게 되고(오개념), 마지막으로 학생들의 흥미를 유발시키고 삶에 필요한 어떤 유익한 내용들을 녹여서 가르칠까(생활 속 과학)를 고민하게 됩니다. 이 책은 세번째 과정인 '오개념'과 마지막 '생활 속 과학'에 초점을 맞추어 집필하였습니다.

제1부 '알고 보면 재미있는 우리 몸 이야기'에서는 외부에서 바라본 우리 몸의 기능이나 상태를 생활과 연관 지었습니다(발, 손, 등, 배, 피부, 손톱, 발톱, 머리카락, 수염, 입, 항문, 엉덩이 등). 제2부 '몸속으로 떠나는 과학여행'에서는 우리 몸의 안을 들여다보며 몸의 기능이나 상태를 재미있게 서술하였습니다(방귀, 오줌, 간, 혈관, 혈액, 심장, 혈액형, 헤모글로빈, 호르몬, 허파, 감각기관, 뇌 등). 그리고 제3부 '생명의 탄생, 생명의 신비'에서는 사람이 어떻게 만들어지고 어떻게 자손을 이어가는가에 초점을 맞추었습니다(생명체, 물, 인류, 감수분열, 진화, DNA, 임신과 분만, 생식세포, 짝짓기, 돌연변이, 쌍둥이, 혈우병 등).

우리가 살고 있는 21세기는 과학이 상식이며 교양인 시대를 넘어 경쟁력이 되었습니다. 따라서 많은 국가의 지도자들과 과학인들은 앞 다투어 과학의 가치와 중요성을 역설하고 있고, 새로운 세기에서 해야 할 개인의 역할 등을 주문하고 있습니다. 2006년 발간된 《교양으로 읽는 과학의 모든 것》 추천사에서 김우식 부총리 겸 과학기술부장관은 "우리는 과학 지식이 더 이상 낯설지 않은 시대에 살고 있습니다. 세계적인 학술지에 실린 논문과 과학자들의 연구 성과가 저녁 뉴스를 장식하고, 사람들은 인터넷을 통한 가상공간에서 과학 이슈에 대해 의견을 교환합니다"라고 지적했습니다.

그리고 같은 책의 서문에서 한국과학문화재단 나도선 이사장은 "태양이 지구의 주위를 돌고 있다고 믿는 국민이 22퍼센트나 되는 나라가 있습니다. 놀랍게도 미국입니다. ……첨단제품을 값싸게 소비하는 사회에 살고 있다고 해서 과학상식이 저절로 키워지지는 않습니다"라며 과학상식의 가치를 언급하고 있습니다.

과학이 이처럼 경쟁력이 된 21세기에 이 책이 우리나라 청소년들의 '생물' 공부에 도움이 될 뿐만 아니라, 생물학의 교양과 상식을 쌓는 데 조금이라도 보탬이 되기를 바랍니다.

2007년 10월

강원도에서 최 승 일

제1부
알고 보면 재미있는 우리 몸 이야기

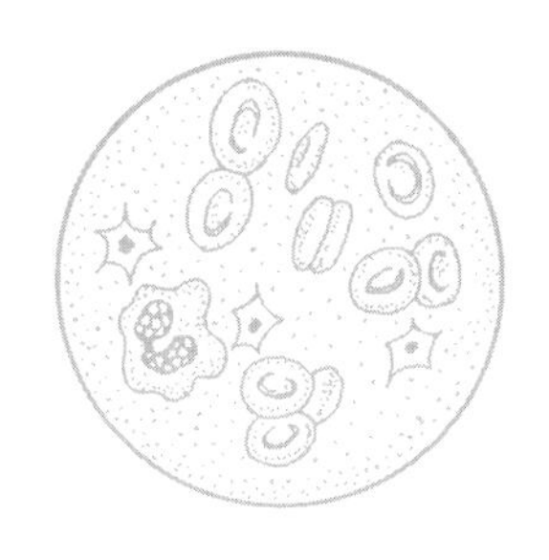

제2부

몸속으로 떠나는 과학여행

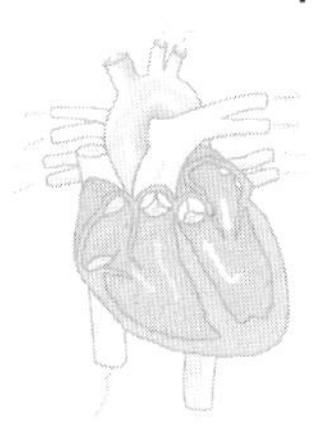

제3부

생명의 탄생, 생명의 신비

제1부

알고보면 재미있는 우리몸 이야기

1. 소외받는 발은 공학의 걸작

사람의 몸에서 머리와 가장 멀리 떨어져 있는 발은 가장 관심을 받지 못하는 부위이다. 하루에도 몇 번씩 씻는 손에 비해 발은 하루에 한두 번 정도만 씻기 때문에 심한 냄새가 나기도 하고, 발바닥이나 발가락 사이에 생긴 무좀으로 고생하기도 한다. 몇 년 전 언론을 통해 공개되었던 잉글랜드 프리미어리그 박지성 선수의 발이나 발레리나 강수진의 발만큼은 아니더라도 우리의 발이 혹사당하고 있는 것은 사실이다.

그런데 과연 머리와 떨어져 있는 거리만큼 발이 중요하지 않은 것인가? 결코 그렇지는 않다. 발은 신체의 어떤 기관보다도 모세혈관과 자율신경이 집중적으로 분포되어 있기 때문에 '제2의 심장' 이라고 불릴 정도로 아주 중요한 기관이다. 또한 발은 신체를 지탱하고, 반사작용을 통해 외부로부터의 위험에 반응하는 중요한 기관이기도 하다. 그래서 레오나르도 다빈치(Leonardo da Vinci)는 발을 가리켜 '공학의 걸작이자 예술작품' 이라고 표현하였다.

우리 몸은 약 206개의 뼈로 구성되어 있는데, 양 발에는 무려 25퍼센트에 해당하는 52개의 뼈가 있다. 그리고 발뼈를 감싸고 있는 114개의 인대(힘줄)는 20개의 근육으로 되어 있다. 이처럼 발은 경이롭도록 복잡한 얼개를 통해 인체의 움직임을 가능하게 한다. 그 유명한 아킬레스건(Achilles' tendon)은 장딴지 근육을 발뒤꿈치에 연결해주는 힘줄을 말한다. 아킬레스건은 그리스 신화의 영웅인 아킬레우스가 유일하게 상처를 입는 급소라는 데서 유래해 '약점(弱點)'이라는 뜻으로 쓰이게 된 용어이다.

발은 심장으로부터 가장 먼 곳에 있기 때문에 심장에서 나간 혈액이 되돌아오는 데도 가장 오랜 시간이 걸린다. 발 쪽에 있는 혈액이 심장 쪽으로 이동하려면 정맥 주위의 근육들이 수축해야 한다. 그런데 문명이 발달하면서 현대인들은 신발의 착용과 교통수단의 발전, 그리고 책상에서의 업무 증가 등으로 걸을 수 있는 기회가 줄어들었고, 정맥 주위 근육의 수축 횟수가 줄어들게 되었다. 그 결과 발에서 심장으로의 혈액 이동이 어렵게 되어 질병에 걸릴 확률이 높아

제2의 심장이라 불릴 정도로 소중하지만 일상생활에서 소외받는 발

지고 있다. 인간의 편리한 문명이 우리 건강의 아킬레스건으로 작용하고 있는 것이다. 건강한 삶과 발을 위해서라도 가까운 거리는 가급적이면 걸어다니는 생활습관을 가지는 것이 바람직하다.

물론 발은 심장이나 폐처럼 중요한 '생명기관'은 아니다. 하지만 발을 잘못 다루면 수명에 치명적인 영향을 줄 수도 있다. 수십 년 동안 발을 혹독하게 사용해 온 노인은 어기적거리며 걷게 되지만, 발을 잘 관리한 경우에는 노년에도 밖에 나가 '운동'을 할 수 있다. 발바닥은 환경에 의해 쉽게 상처를 입기 때문에 발을 제대로 보호하려면 발에 맞는 신발을 신고 바른 자세로 걸어야 한다. 무조건 유행을 좇아 발에 맞지도 않는 신발을 신어서는 안 되고, 유행에 따른 춤동작으로도 걷지 말아야 한다. 직업 운동선수들은 전문적인 발 마사지를 받으면서 발을 보호하기도 한다.

손바닥과 마찬가지로 발바닥은 오랜 시간 햇볕에 노출되어도 절대 그을리지 않는 기이한 성질을 가지고 있다. 사람의 피부색은 멜라닌(melanin)의 양에 따라 결정되는데, 멜라닌의 양이 많을수록 검은 피부색을 띤다. 멜라닌은 일정량 이상의 자외선을 차단하여 인체를 보호하는 역할을 한다. 그런데 손바닥이나 발바닥은 멜라닌을 만들어내는 양이 적기 때문에 창백하게 보이는 것이다. 흑인들의 손바닥과 발바닥이 유난히 눈에 띄는 것도 바로 이러한 까닭이다.

여자의 발은 아기 때에 비해 3배 정도 커지고, 남자의 발은 3.5배 정도로 커진다. 보통 사람들의 경우에 발은 걷는 것 말고는 활동이 적지만, 무용수들의 발가락 힘에는 그들의 인생이 걸려 있다. 또한 동양에서는 발이 무술(武術)의 무기로 발전했는데, 태권도의 태(跆)는 발을 의미한다.

옛날 인류의 조상이 내디딘 최초의 두어 걸음은 인류사에서 가장 커다란 거보(巨步)로 기억되어야 한다. 직립보행에 의해 앞다리가 해방됐고, 해방된 앞다리가 손의 기능을 가지면서 과학기술문명이 피어났기 때문이다. 1969년 아폴로 11호를 타고 달에 첫발을 내디뎠던 닐 암스트롱(Neil A. Armstrong)의 발자국은 과학기술의 쾌거를 보여준 족적(足跡)이었다. 한편 교황이 성목요일에 사회 밑바닥 계층 사람들의 발을 씻어주고 입을 맞추는 것은 기독교적인 겸손의 행동이다. 이처럼 발은 비록 우리 생활에서 주목받지 못하지만 인간의 몸에서나 인류 역사에서 결코 빠트릴 수 없는 중요한 일부분이다.

2. 손은 눈에 보이는 뇌이자 정신의 칼날

팔은 강한 힘과 놀라울 정도의 정확성을 가지고 있다. 손이 던지기, 때리기, 쥐어박기 등의 동작을 하려면, 팔에 있는 이두박근과 삼두박근의 수축과 이완에 따른 힘이 뒷받침되어야 한다. 또한 엄지손가락과 다른 손가락들이 정밀한 일을 하려면, 팔이 기중기 역할을 하여 손이 이상적인 위치에 있도록 정확하게 뒷받침해주어야 한다.

진화 과정에서 남성들의 팔은 더 강한 힘을 갖는 쪽으로 발달하였고, 그 결과 강력한 타격과 던지기 등이 필요한 수렵생활을 하게 되었다. (또는 남성들이 수렵생활의 주 임무를 맡으면서 팔이 강하게 발달했는지도 모른다.) 그리하여 오늘날 팔 힘을 요구하는 스포츠경기에서 남녀의 차이가 나타난 것이다.

사람의 손은 동물들과 달리 엄지손가락이 다른 손가락과 맞닿을 수 있는 구조를 가지고 있다. 이 구조 덕분에 손의 정교한 조작적 활동이 가능하게 되었고, 위대한 과학기술과 문화가 발달할 수 있었다. 손은 1분에 100단어 이상을 타자하고, 정교하게 피아노를 연주하며, 복잡한 기계를 조작한다. 또한 위험한 뇌수술을 안전하게 시술하며, 명화(名畵)를 그리고, 손가락 끝으로 점자책을 읽거나 수화(手話)로 시를 낭송하기도 한다. 이러한 손에 대해 18세기 철학자 임마누엘

칸트는 '눈에 보이는 뇌의 일부' 라고 했으며, 20세기에 제이콥 브로노우스키(Jacob Bronowski)는 '손은 정신의 칼날이다' 라고 예찬하였다.

우리 몸에서 손바닥과 손가락 끝은 입술만큼이나 민감하다. 스티븐 스필버그 감독의 영화《E.T.》에서 손가락을 맞대는 장면은, 예민한 손가락의 두 끝을 맞대 서로의 마음을 주고받는 것을 의미했다. 또한 사람들은 손을 이용한 손짓언어를 통하여 의사소통을 하기도 한다. 가장 대표적인 손짓언어가 바로 청각장애우들이 사용하는 수화이다. 야구게임에서 투수와 타자, 감독이 주고받는 사인도 이러한 손짓언어라고 할 수 있다.

우리는 일생 동안 적어도 2500만 번 이상 손가락을 굽혔다 폈다 한다. 심지어 갓난아기들도 손가락에 놀라운 힘을 가지고 있는데, 그들은 한시도 가만히 놓아두지 않고 손을 움직인다. 손 하나에는 14개의 손가락뼈, 5개의 손바닥뼈, 8개의 팔목뼈가 있다. 손과 손가락의 힘은 그 자체의 근육과 좀 멀리 떨어진 팔의 근육에서 나오는데, 손과 팔은 떼려야 뗄 수 없는 불가분의 관계인 것이다.

《E.T.》 영화 포스터

다섯 손가락 가운데 엄지손가락은 손의 기본 역할인 쥐는 힘을 만들어주는 가장 중요한 손가락이며, 독립성도 가장 좋다. 엄지를 세우는 것은 최고를 나타내는 행동이다. 집게손가락은 엄지를 제외한 나머지 네 손가락 중에서 가장 독립적이며, 섬세한 정밀 동작을 할 때 엄지와 맞대서 가장 많이 쓰이는 손가락이다. 예를 들어 집게손가락은 방아쇠를 당기고, 길을 가리키며, 기계 버튼이나 스위치를 누르고, 적수의 갈비뼈를 찌르며, 마우스를 클릭하는 등 여러 가지로 사용된다.

가운뎃손가락은 가장 긴 손가락이다. 가운뎃손가락을 하나만 세우는 행동은 하지 말아야 하는데, 세워진 가운뎃손가락은 남성의 성기를 의미하고, 그 양쪽에 굽혀진 두 개의 손가락은 고환(정소)을 의미하는 욕이기 때문이다. 약손가락은 손가락 가운데 가장 적게 사용된다. 주먹을 쥐었다가 손가락을 하나씩 펴고 다시 오므릴 때 양쪽의 한 손가락과 함께 움직인다면 문제가 없지만, 약손가락 하나만을 잘 펴고 오므릴 수는 없다. 이렇듯 약손가락은 독립성이 적으므로 순종적이고 깨끗한 손가락으로 인식되어 결혼반지를 끼는 데 이용된다.

새끼손가락은 다른 손가락에 비해 힘과 역할이 다소 적기 때문에, 혈서를 쓰거나 손가락을 끊어 맹세를 할 때 사용되기도 하였다. 그러나 새끼손가락을 세우고 나머지 네 개의 손가락으로 주먹을 쥐어보면 힘이 많이 감소된 것을 느낄 수 있다. 결국 다섯 손가락이 모두 있어야만 강력한 힘과 정교한 조작이 가능해지는 것이다.

3. 재미있는 등과 배 이야기

사람의 등은 일을 가장 많이 하면서도 가장 표가 적게 나는 신체 부위다. 등의 가장 중요한 기능은 척수(脊髓)를 보호해주고 몸을 지탱하는 것으로, 등의 위쪽에 있는 승모근(僧帽筋), 중간에 있는 배근(背筋), 그리고 엉덩이에 있는 둔근(臀筋), 이 세 가지 근육이 우리 몸을 꼿꼿하고 힘차게 지탱해준다.

우리 몸의 등 쪽에는 등뼈라고 불리는 척추가 위치하고 있고, 척추 안에는 등골이라고 불리는 척수가 들어 있다. 두개골이 뇌를 보호하듯이 척추는 척수를 보호한다. 33개의 뼈로 구성되어 있는 척추는 위치에 따라 경추, 흉추, 요추 등으로 구분된다. 척추가 있느냐 없느냐에 따라 척추동물과 무척추동물로 나누는데 물고기, 개구리, 뱀, 비둘기, 개 등은 척추동물이고, 말미잘, 지렁이, 오징어, 매미, 불가사리 등은 무척추동물이다. 척수(등골)는 뇌와 함께 우리 몸에서 중요한 기능을 하는 중추신경이기 때문에 부모님 속을 썩이는 자식을 '부모 등골 빼먹는 놈' 이라고 표현하기도 한다.

오랫동안 습관적으로 바른 자세를 유지하지 않으면 척추와 등 근육에 많은 무리가 생긴다. 즉 등 근육은 신체적 · 생리적으로 바른 모양을 유지하기 위해 오랫동안 좋지 못한 자세와 대치하면서 제 기능

한때 경제적 여유를 상징했던 중년 아저씨의 똥배

을 잃게 되고, 또 척추에 무리가 가 척수에 이상이 나타나기도 한다. 따라서 걷거나 앉거나 자거나 뛸 때 항상 바른 자세를 유지해야 한다.

제대로 살이 붙은 등 아래쪽 엉덩이 부분에는 보조개처럼 두 개의 움푹 파인 부분이 만들어진다. 남녀 모두에게 만들어지지만, 그 부위의 지방층이 두꺼운 여성의 등에서 더욱 뚜렷하게 만들어진다. 지금은 그렇지 않지만, 한때는 이 엉덩이 보조개가 미인의 특징으로 여겨지기도 했다. 확실히 미인의 기준은 세월의 흐름에 따라 항상 변하는 것이다.

손을 등 쪽으로 하여 뒷짐을 지는 것은 자기의 세력권에서 자신감과 지배감을 나타내는 무의식적인 행동이고, 손을 배 쪽으로 하여 맞잡는 것은 겸손과 자기보호를 무의식적으로 나타내는 행동이다. 학교에서는 교장선생님이 뒷짐을 지며 걸으시고, 군부대에서는 부대장이 뒷짐을 지고 걸으시며, 집에서는 아버지가 뒷짐을 지며 걸으신다.

사람의 배는 가슴과 허벅다리 사이에서 내장을 담고 있는 신체 부위를 말한다. 식량이 부족하던 옛날에는 두둑한 배를 자랑스럽게 내밀고 거드름을 피웠다. 즉 배불뚝이는 마음껏 식사를 할 수 있는 경제적 여유를 상징했다. 여성은 남성보다 배불뚝이가 될 가능성이 적은데, 지방층이 쌓일 경우에 여성은 주로 엉덩이 부위가 두꺼워져서 배가 앞으로 튀어나오기보다는 옆으로 퍼지기 때문이다.

배 한가운데에는 탯줄을 끊은 자리인 배꼽이 있다. 태아는 태반을 경계로 모체에서 산소와 영양물을 얻고, 모체에 이산화탄소와 노폐물을 보낸다. 이때 태아와 태반을 연결하고 있는 혈관을 탯줄이라고 한다. 출산(분만)시 태아를 보호하고 있던 양막이 터지면서 양수(액체)가 나오면, 이어서 태아가 나오고 마지막으로 태반이 나온다. 태반이 나오면 태아와 연결된 탯줄을 소독한 도구로 자르는데, 그 잘린 흔적이 배꼽인 것이다. 뚱뚱한 사람의 배꼽은 둥근 모양을 하고 있지만, 요즈음 날씬한 몸매에 홀쭉한 배를 가진 사람의 배꼽은 보통 수직으로 길게 갈린 모습을 보인다.

흔히 배꼽은 '가운데'를 의미하는 용어로 사용되어 왔다. 옛사람들은 누구나 자신들이 세계의 중심이라는 자부심을 가지고 있었다. 중국 사람들의 중화사상(中華思想)이 그러했고, 그리스 사람들도 그러했다. 그리스 델포이의 유명한 옴파로스(Omphalos) 돌은 하늘에서 떨어진 '대지의 배꼽'이라는 의미이고, 안데스산맥의 잉카제국

▮ 델포이박물관에 소장되어 있는 옴파로스

수도였던 쿠스코(Cusco)는 '세계의 배꼽'이라는 뜻이며, 태평양의 이스트 섬은 테 피토 오 테 헤누아(Te Pito O Te Henua)라고 하는데 이 역시 '세계의 배꼽'이란 뜻이다.

배꼽이란 이름을 가진 식물로 '며느리배꼽'이란 덩굴성 한해살이풀이 있는데, 긴 잎자루가 다소 올라붙어서 배꼽처럼 보인다. 며느리배꼽의 학명은 *Persicaria perfoliata*로 길이 3~6센티미터 정도의 삼각형 잎이 어긋나게 자라며, 잎 가장자리가 밋밋하고 뒷면은 흰빛이 돈다. 흔히 배꼽이 중심을 의미하는 용어로 사용되었음에도 신체에서는 드러나지 않고 감추어진 것처럼, 며느리배꼽은 결코 주목받지 못했던 며느리들의 애환이 서린 식물이다.

4. 보호기관이자 감각기관인 피부의 비밀

피부는 우리 몸을 덮고 있는 조직으로서 외부의 물리적·화학적 자극으로부터 신체를 보호하는 보호기관이며, 냉점, 온점, 압점, 통점 등을 통해 감각을 수용하는 감각기관이기도 하다. 피부 표면에는 땀을 분비하는 땀구멍과 털이 나와 있는 털구멍이 무수히 많다. 땀은 수분이나 노폐물 등을 배설하고 체온을 일정하게 유지하며, 피지선에서 분비되는 피지는 피부 표면에 얇은 지방 막을 만들어서 피부를 보호한다.

피부의 색깔은 모세혈관 내 혈액의 색깔과 멜라닌 색소에 의해 결정된다. 즉 혈액의 양이 많으면 붉은 색을 띠고 적으면 창백하며, 멜라닌 색소가 증가하면 황갈색이나 갈색으로 보인다. 피부의 총면적(체표 면적)은 성인의 경우 약 1.6제곱미터 정도이고, 피하조직을 제외한 두께는 1.5~2밀리미터 정도이며, 피부 전체의 중량은 4킬로그램 정도이다. 피부 표면은 약산성(pH 4.5~6)으로, 산성 물질이 피부에 닿으면 피부 단백질이 응고되기 때문에 그 피해가 비교적 표층에 머물지만, 염기성 물질이 닿으면 단백질이 용해되기 때문에 그 피해가 깊은 곳까지 미치곤 한다.

정도의 차이는 있지만 사람의 피부에서도 약간의 호흡이 일어난다. 물속에 들어가면 숨이 찬 이유가 여기에 있다. 피부는 흡수작용도 하여 기능성 화장품에 들어 있는 물질을 흡수하고, 소장의 상피세포에서는 소화된 영양소를 흡수한다. 또한 표피세포는 각종 면역항체를 생산하여 체내 보호작용을 하기도 한다.

자외선이 강한 여름에는 피지를 왕성하게 분비하여 자외선으로부터 피부를 보호하려는 방어 활동이 일어난다. 그러나 피지에 각종 세균과 이물질이 들러붙어 땀과 뒤섞이면 여드름 발생률이 높아진다. 여드름은 1개월 이상 방치하면 털구멍이 확장되고 세균이 감염되며, 흉터가 발생하기도 하므로 자주 깨끗이 씻어야 한다.

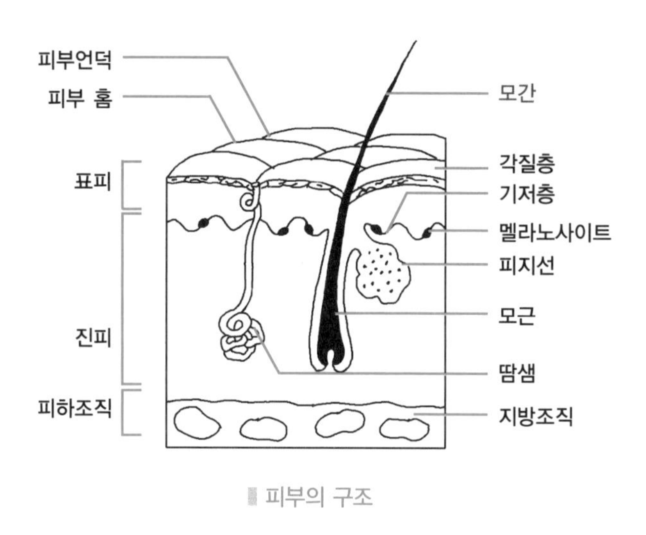

피부의 구조

지성 피부는 상대적으로 피지가 많이 분비되는데, 피지선은 주로 이마와 코, 턱 등 얼굴 중앙 부위에 많이 분포한다. 흔히 얼굴 부위에 기름종이를 누른 뒤 30분 뒤에 한 번 더 기름종이를 눌러 젖으면 지성 피부라고 본다. 지성 피부를 가진 사람은 자주 깨끗이 씻어야 한다. 건성 피부는 얼굴 부위 외의 손등과 팔등, 그리고 다리가 건조해 보이고 피부에 윤기가 없다. 또한 버짐이 잘 생기고 샤워나 목욕 뒤에 피부가 당기는 느낌을 많이 받는다. 건성 피부인 사람은 잦은 목욕을 피하고, 목욕 뒤에는 보습제를 충분히 발라주어야 하는데, 보습제는 몸에 물기가 촉촉할 때 바르도록 한다. 복합성 피부는 얼굴 부위마다 피지선이나 땀샘 분포가 달라서, 피지가 많이 분포하는 얼굴 중앙 부위(콧등과 이마)와 건조한 상태의 뺨 사이에 뚜렷한 차이를 보인다.

피부세포는 20세 이후가 되면서 그 활동이 둔화되다가 25세를 고비로 표피층과 진피층의 두께가 얇아지고 진피의 탄력성도 줄며 피하지방의 조직도 줄어든다. 피부 노화의 대표적 증상인 주름은 크게 혈액 및 림프액의 순환 장애, 부적절한 영양상태, 스트레스, 질병 등에 의한 내적 원인과 햇빛 속의 자외선, 차갑고 건조한 바람, 비누 또는 화장품에 의한 알레르기 등의 외적 원인에 의해 발생한다.

유전자가 똑같은 일란성 쌍생아 자매인 G와 g 중에서 G가 g보다 더 늙어보였다. 과학자의 조사에 따르면 G는 g보다 해변의 일광욕을 더 즐겼고, 담배를 피우며 술을 마셨다. 같은 유전자에 의해 똑같이 눈가의 주름과 입가의 미소 주름을 갖고 있었지만, G의 노화 주름은 흡연으로 인해 훨씬 깊었고 피부는 잦은 일광욕으로 거칠어져 있었다. 자외선과 흡연 등의 외적 원인들이 결국 G의 피부 노화를 가속화시켰던 것이다. 이처럼 피부 노화는 유전적 요인에 의해 프로그램화되어 있으나 환경의 영향에 따라 심하거나 느리게 진행될 수도 있다.

우리가 기분이 좋을 때는 호르몬 분비 또한 가장 왕성한 상태로서 최적의 신체적 조건이 이루어진다. 즉 내적으로 환경의 영향을 거의 받지 않는 상태가 되므로 즐거움은 바로 노화를 예방하는 지름길인 것이다. 건강하고 아름다운 피부를 유지하기 위해서라도 긍정적이고 적극적으로 즐겁게 살아가는 삶의 태도가 필요하다.

5. 손톱과 발톱에는 몸의 정보가 들어 있다

피부 표피 안에서 만들어져 밖으로 각질화되어 돌출된 손톱과 발톱은 판 모양을 하고 있다. 손톱 뿌리 근처에 반달 모양으로 희게 보이는 부분은 조반월(瓜半月)이라 하는데, 각질화가 덜된 이 부분은 투과광선의 반사 때문에 희게 보인다. 손톱과 발톱은 우리 몸을 구성하는 단백질 중 가장 단단하다고 알려진 케라틴(keratin)으로 되어 있다. 흔히 손톱과 발톱의 건강을 위해서 칼슘을 섭취해야 한다고들 하는데, 이는 손톱과 발톱이 칼슘으로 구성되어 있다는 잘못된 생각에서 비롯된 것이다.

손톱과 발톱은 출생 3개월부터 자라기 시작하여 5개월 정도면 대체로 형태가 잡힌다. 이후의 성장속도는 여러 가지 조건에 영향을 받지만 대체로 하루에 0.1밀리미터 정도 자란다. 계절적으로는 여름에 가장 잘 자라고, 하루 중에는 밤보다 낮에 잘 자란다. 또 30세까지는 연령과 함께 생장속도가 증가하지만 그 이후부터는 노화의 영향으로 더디게 자란다.

한편 모든 손가락의 손톱이 다 같은 속도로 자라는 것은 아니다. 가장 길어서 상대적으로 외부 위험에 더 노출된 가운뎃손가락의 손톱이 제일 빨리 자라고, 엄지손가락의 손톱이 가장 늦게 자란다. 발톱은 손톱보다 외부 위험에 덜 드러나 있고 손보다 혈액순환이 덜 되므로 자라는 속도도 손톱에 비해 절반이나 느리다.

손톱은 피부 표면의 각질층이 변화된 것으로서, 우리 몸의 생물정보가 들어 있기 때문에 피부나 머릿결처럼 인체의 건강 상태를 진단할 수 있는 좋은 척도가 되기도 한다. 예를 들어 건강한 손톱은 부드럽고 광택이 나며 투명한 분홍색을 띠지만, 신체에 이상이 생기면 비정상적으로 변하며 불완전한 성장을 한다. 만약 손톱 색이 갑작스레 변한다거나 줄무늬가 생기고 모양이 일그러진다면 건강을 의심해 보아야 한다. 손톱을 눌러보면 보통 3초 안에 원래의 색으로 되돌아간다. 그러나 눌렀을 때 하얗게 변했던 부분이 너무 천천히 원래의 색을 찾으면 빈혈, 생리통, 생리불순 등을 염려해야 한다.

만약에 손톱과 발톱이 없다면 피부가 옆으로 밀릴 것이다. 손톱과 발톱은 피부가 밀리는 것을 방지해줌으로써 손끝이나 발끝을 보호하는 역할을 한다. 특히 손톱은 작은 물건을 집거나 정교한 작업 시에 힘을 집중시키고 피부를 지지해주는 역할도 한다. 야구선수의 경우에는 야구공에 새겨진 실밥을 손톱으로 얼마나 세게 긁어주느냐에 따라 던지는 공의 성질이 달라진다. 따라서 강속구를 전문으로 하는 선수의 가방에는 글러브 외에 손톱 관리를 위한 손톱깎이, 매니큐어, 반창고 등이 필수품으로 들어 있다. 또한 손톱과 발톱은 옛날부터 장식적 기능으로서의 역할도 해왔다. 오늘날에도 여성들이 손톱과 발톱에 다양한 색상의 매니큐어를 칠해서 아름다움을 과시하지 않는가?

아름다운 여성의 상징인 손톱 그 속에도 우리 몸의 비밀이 있다.

우리나라에서는 옛날부터 손톱을 물들이는 데 봉선화를 많이 사용했다. 봉선화는 줄기와 가지 사이에 핀 꽃의 우뚝 선 모습이 봉(鳳)과 같다하여 붙여진 이름으로, 다른 말로 봉숭아라고도 부른다. 종자식물문-쌍떡잎식물강-무환자나무목-봉선화과의 한해살이풀인 봉선화는 잎이 어긋나고 잎자루가 있으며 양끝이 좁고 가장자리에 톱니가 있다. 4~5월에 씨를 뿌리면 6월부터 꽃이 피기 시작하고, 꽃은 두세 개씩 잎겨드랑이에 달리며 꽃대가 있어 밑으로 처지고 좌우로 넓은 꽃잎이 퍼져 있다. 꽃은 분홍색, 빨간색, 주홍색, 보라색, 흰색 등으로 피는데, 꽃잎을 따서 백반(명반)과 소금을 넣고 함께 찧어 손톱과 발톱에 물을 들이면 붉은색으로 염색된다.

손톱과 발톱에 봉선화 물이 드는 것은 그 안에 들어 있는 염료 때문이다. 염료에는 분산염료(정전기적 인력이나 반데르발스 인력 등에 의해 달라붙는 염료), 반응염료(약간의 화학반응을 일으켜서 달라붙는 염료), 매염염료(염료 외에 매개체가 있어야 염색이 되는 염료)가 있는데, 봉선화에는 매염염료가 들어 있다. 따라서 봉선화 물을 들일 때에는 백반이나 소금 같은 매염제를 넣어야 고운 색깔로 진하게 염색을 할 수 있다. 물론 백반이나 소금 외의 다른 매염제도 사용할 수 있으며, 매염제의 종류에 따라 손톱과 발톱에 물드는 색깔이 조금씩 달라질 수 있다.

모든 봉선화의 꽃이나 잎 등에는 매염염료가 들어 있어서 흰색 꽃이나 초록색 잎으로도 손톱과 발톱에 붉은 물을 들일 수 있다. 그러나 주변에서 흔히 볼 수 있는 대부분의 꽃이나 잎에는 매염염료가 들어 있지 않기 때문에 봉선화보다 빛깔이 더 진한 장미에 아무리 백반을 많이 넣어도 손톱과 발톱에 물을 들일 수 없다.

손톱과 발톱에 관련된 여러 가지 미신적인 이야기가 많은데, 그 가운데서도 특히 손톱과 발톱이 적(귀신이건 사람이건 동물이건)의 손에 들어가면 원소유자가 피해를 입게 된다는 이야기가 많다. 그 때문에 뉴질랜드의 마오리족은 추장의 손톱과 발톱을 묘지에 숨기고, 파타고니아의 원주민은 태워버렸으며, 마다가스카르 섬의 베스틸레로족은 '라만고(ramango)' 라는 직책의 사람에게 왕족의 손톱과 발톱을 먹어 없애게 하였다. '밤에 손톱이나 발톱을 깎아서는 안 된다'는 우리나라의 전통적인 금기도 이와 같은 배경에서 유래된 것이다.

6. 회색 머리카락은 없다

사람의 털은 위치에 따라 눈썹, 귀털, 코털, 머리털, 겨드랑이털, 생식기털 등으로 나눌 수 있는데, 젖샘과 함께 포유동물만의 특징인 이 털이 점점 퇴화되고 있다. 그 가운데 몸통과 팔다리의 털은 거의 퇴화됐고, 머리털만이 길게 늘어져 사람이라는 형태학적 특징을 보인다. 솔, 빗, 가위, 칼, 모자, 옷이 발명되기 이전의 우리 조상들은 무성하게 자란 머리털을 날리며 알몸으로 뛰어다녔을 것이다.

털은 다수가 같은 방향으로 비스듬히 기울어져 있으며, 지렛대 원리로 피부감각을 보조해준다. 또한 머리털은 뜨거운 직사광선으로부터 자외선을 차단하고, 머리를 충격으로부터 완화하는 보호작용을 한다. 오늘날은 머리털이 성별을 나타내는 역할을 하기도 하는데, 대부분의 사람들은 자기들의 문화에 따라 남성은 남성답고 여성은 여성다운 스타일로 머리를 손질한다. 만약 머리털을 자르지 않고 그대로 둔다면 남녀 모두 길고 호화로운 머리털을 가질 수 있다. 남성과 여성의 머리털은 생물학적으로 구조적인 차이가 없기 때문이다. 단지 문화적인 영향 때문에 남성과 여성의 머리털 길이가 다를 뿐이다.

그대로 놓아두면 머리털은 약 6년 동안 1미터 정도 자라다가 저절로 빠진다. 그러면 모유두(모낭)에서 새로운 머리털이 자란다. 머리에는 약 10만 개의 모유두가 있으며, 매일 50~100개 정도의 머리털이 빠진다. 모낭의 윗부분 3분의 2 지점에 입모근(기모근)이라는 근육이 있는데, 입모근은 자신의 의지에 따라 움직이지 못한다. 하지만 추위나 공포를 느끼면 자율적으로 수축되어 피부에 소름(닭살)이 돋고, 비스듬히 기울어져 있는 털이 수직으로 서게 된다.《삼국지》에서는 유비와 관우의 의형제인 장비가 자주 털을 빳빳이 세우는 것으로 묘사되어 있는데, 장비의 입모근 기능이 매우 발달했던 모양이다.

머리털 색깔은 칠흑에서부터 순백색에 이르기까지 다양하며, 빨간색이 더해지는 정도에 따라 더욱 다양한 색깔을 나타낸다. 그런데 보통 우리가 말하는 회색머리 또는 은빛머리는 없다. 회색머리란 원래의 색깔을 그대로 지니고 있는 검은색의 머리털과 그 사이에 새롭게 자란 순백색의 머리털이 섞여 그렇게 보일 뿐이다. 처음에는 흰머리털이 잘 보이지 않지만, 검은 머리털에 대한 비율이 높아짐에 따라 머리 전체가 회색으로 변한 듯한 인상을 주는 것이다.

즉 머리털은 회색으로 변하지 않고 단지 희게 변할 뿐이다. 이는 나이가 듦에 따라 모유두에서 멜라닌이라는 검은 색소의 생산을 줄이고, 무색소의 순백색 머리털을 만들어내기 때문이다. 순백색의 머리털이 많아지면 그만큼 나이가 들었다는 것이고, 나이가 든다는 것은 경험에 따른 지혜가 커진다는 것을 의미한다. 그래서 영화나 만화에서는 흔히 지혜로운 인물을 흰머리로 연출하곤 한다.

머리털은 자라기 때문에 살아 있다고 생각하기 쉽다. 그러나 실제로는 혈관과 신경이 통하지 않고, 머리털 세포가 분열하는 것이 아니기 때문에 죽었다고 보아야 한다. 반면에 모유두에는 모세혈관과 신경이 통하고, 모유두에 있는 모모세포가 혈관으로부터 영양을 공급받아 분열하면서 모발이 형성되므로 모유두는 살아 있다고 말할 수 있다.

7. 링컨을 대통령으로 만든 수염

수염(鬚髥)은 입가와 턱에 난 털을 이르는 말로, 입가에 난 털을 가르키는 '수(鬚)' 와 뺨에 난 털을 가르키는 '염(髥)' 이 합해진 한자어이다. 우리 고유어로는 털을 '거웃', 뺨에 난 털을 '나룻' 이라고 한다. 수염은 나는 위치에 따라 명칭이 달라서, 보통 코밑에 나는 것을 콧수염, 턱에 나는 것을 턱수염, 볼에 나는 것을 구레나룻이라고 한다.

수염은 먼 거리에서도 눈에 잘 띄는 사람의 성별 신호로서, 아기가 태어났을 때는 온몸에 부드러운 솜털이 덮여 있다가 사춘기 이후부터 점점 어른의 굵은 털로 변한다. 어른의 털은 성장을 조절하는 내분비선(호르몬샘)에 의해 조절되는데, 남자의 성호르몬은 머리털의 성장을 억제하거나 느리게 하는 반면에, 수염과 몸의 털을 성장시킨다. 이와는 달리 여성호르몬은 머리털의 성장을 촉진시키고 수염의 성장을 억제시킨다. 따라서 성인 여성은 '복숭아털' 이상의 털이 결코 나지 않고, 복숭아털도 가까이에서 자세히 살펴보아야 알아볼 수 있을 정도이다.

옛날에는 수염을 권력과 체력의 남성적 상징으로 보았으며, 수염을 잃는다는 것은 비극적인 일로 간주되었다. 따라서 전쟁에서 패배한 적장이나, 죄수와 노예들의 수염을 깎음으로써 수치를 주곤 하였다. 수염을 두고 맹세를 할 정도로 남성들에게 수염은 거룩한 의미였고, 수염이 없는 신(神)의 존재는 생각할 수조차 없었다.

페르시아나 바빌로니아 같은 초기 문명권의 지배자들은 수염을 손질하고 꾸미는 데 많은 시간을 들였다. 그들은 수염에 물을 들이고, 기름을 발랐다. 또한 땋기도 하고 지지거나 볶기도 했으며, 풀을 먹이기도 했다. 특별한 행사 때에는 금가루를 뿌리고 금실로 꾸미기도 하였다. 하지만 오늘날은 이슬람 문화권을 제외한 대부분의 문화권 남성들이 턱수염을 면도하고, 일부 남성들만이 콧수염을 기른다.

수염 이야기를 하다보면 많은 사람들이 미국 제16대 대통령 에이브러햄 링컨(Abraham Lincoln)의 덥수룩한 수염을 떠올리지만, 실제로 그는 51세 이전까지 수염을 기르지 않았다. 1860년 10월 미국

사람들에게 부드러움과 친근감을 주는 에이브러햄 링컨의 수염

대통령 선거가 한창 뜨겁게 달아오르고 있을 때, 링컨은 그레이스 베델이라는 열한 살 소녀로부터 다음과 같은 편지를 받았다. "링컨 아저씨는 얼굴 생김새가 너무 홀쭉해서 좀 딱딱하게 보이는 게 흠이니, 볼과 턱수염을 기르면 훨씬 부드럽게 보일 거예요. 그러면 아주머니들에게 인기가 좋을 것이고, 아주머니들은 아저씨들을 졸라 링컨 아저씨를 찍을 거예요." 링컨은 소녀의 조언대로 수염을 길렀고, 이후 대통령이 되었다.

털은 피부를 보호하고 몸에서 열이 달아나는 것을 막아준다. 피부가 강한 햇빛에 노출되는 것을 방지하기 때문에 열대지방에서는 털이 햇빛을 잘 흡수할 수 있도록 진한 색을 띠는데, 사람의 수염도 마찬가지다. 사자의 목에 나 있는 갈기(털)는 적의 이빨로부터 목을 보호하고, 말이나 소의 꼬리털은 파리채 같은 역할을 하며, 새의 벼슬은 이성을 유혹하는 데 사용된다. 한편 고양이의 수염은 감각기관 역할도 한다. 실험을 해보면 수염을 자르지 않은 고양이는 입가에 묻은 음식을 깨끗하게 청소하지만, 양쪽 수염을 자른 고양이는 묻은 음식에 전혀 무관심하고, 한쪽 수염만 자른 고양이는 수염이 있는 쪽만을 청소한다.

식물의 털은 표피조직이 변한 것으로 털이 나 있는 식물에는 '수염' 이라는 이름이 많이 쓰인다. 예를 들어 몸 전체에 잔털이 나 있는 까치수염(*Lysimachia barystachys*)은 우리나라 전역에서 흔히 볼 수 있는 여러해살이풀로서 다른 말로 꽃꼬리풀, 개꼬리풀이라고도 한다.

8. 다리의 또 다른 매력

다리는 몸통 아래에 붙어 몸을 받치며, 서거나 걷거나 뛰는 기능을 한다. 길고 곧게 뻗은 다리는 키의 2분의 1을 차지하는데, 화가들은 그림을 그릴 때 우리의 몸을 발바닥에서 무릎까지, 무릎에서 엉덩이까지, 엉덩이에서 가슴까지, 가슴에서 머리까지 네 부분으로 균등하게 나누어 스케치한다. 엉덩이부터 발끝까지의 길이가 머리끝부터 엉덩이까지보다 길면 롱(long)다리이고, 짧으면 숏(short)다리 또는 농(장농)다리라고 부른다.

굽이 높은 구두는 인위적으로 긴 다리를 연출하는 도구이다. 또한 스타킹을 착용하면, 스타킹의 신축성 덕분에 다리의 근육들이 최대한 모이게 되고, 스타킹의 색깔에 의해 울퉁불퉁한 굴곡이 시각적으로 최소화되어 다리의 윤곽이 부드럽게 보인다. 최근 젊은 여성들은 섹시하고 건강한 다리를 연출하기 위해 핫팬츠, 미니스커트, 짧은 원피스들을 즐겨 입고 있다.

무릎에서 엉덩이 사이에 위치한 넓적다리에는 우리 몸에서 제일 큰 뼈인 대퇴골(大腿骨)이 있으며, 근육이 잘 발달되어 있다. 척추동물인 닭(통닭)을 먹을 때 어느 부분의 뼈가 가장 컸는지, 그리고 어느 부분에 가장 많은 근육이 있었는지를 생각해보라.

어원적으로 발은 '밟다', 다리는 '달리다', 가랑이는 '걷다'와 연관된 말이다. 사람의 발, 다리, 가랑이는 수많은 형태의 직립보행을 가능하게 하였다. 그중 일부는 육상경기로 발전하였고, 무대 위를 걷는 패션모델의 동작과 힙합댄스로도 발전하였다.

자동차와 책상에 앉아 생활하는 현대의 도시인들은 사냥을 하던 원시시대 조상들에 비해 다리가 많이 약해졌다. 그렇다고 해도 규칙적으로 걷고 운동을 하면, 빠른 속도와 힘과 지구력을 낼 수 있는 근육의 다리를 만들 수 있다. 잘 발달된 다리 근육을 이용하면 상당히 오랜 시간도 힘차게 밟고, 달리고, 걷고 할 수 있을 것이다. 최근 유행하는 등산, 하이킹, 사이클링 등의 열풍도 사람들이 이러한 다리 건강의 중요성을 깨달았기 때문일 것이다.

짧은 옷으로 날씬하고 긴 다리를 연출하는 젊은이들

우리나라의 전통적인 큰절(세배)이나 교회와 사찰에서 두 무릎을 꿇는 경배처럼 두 다리를 굽히는 무릎꿇기 행동은 자신을 낮추는 겸손한 의사 표시이다. 설날 웃어른들께 세배를 하면서 그 의미를 되새겨보는 것도 좋을 것이다. 이에 비해 조직폭력배의 세계나 전쟁 등에서 상대방에게 무릎을 꿇는 행위는 자존심을 버리고 굴욕스럽게 항복하거나 복종하는 의미가 있다.

동물들은 종류에 따라 다리의 개수가 다르다. 척추동물 중 어류(붕어, 잉어 등)는 다리가 없고, 양서류(개구리, 두꺼비 등)와 파충류(악어, 거북 등)는 다리가 네 개이다. 조류(닭, 비둘기 등)는 다리가 네 개였으나 앞다리가 날개로 진화하여 현재는 두 개의 다리를 가지고 있으며, 포유류(토끼, 호랑이 등)는 네 개의 다리를 가지고 있다. 포유류 중 고래는 다리가 지느러미로 진화하였고, 사람은 앞다리가 팔로 진화하였다.

절지동물 중 곤충류(잠자리, 매미)는 다리가 세 쌍이고, 거미류(거미, 전갈)는 네 쌍이며, 다지류(지네, 노래기)는 무수히 많다. 오징어와 문어 같은 연체동물들도 많은 다리를 가지고 있는데, 오징어는 다리가 열 개이고, 문어는 여덟 개이다. 2006년 영국의 《더 타임스》는 '세계에서 가장 다리가 많은 동물' 인 노래기과의 '일라크메 플레니페스(Illacme Plenipes)' 라는 동물을 발견했다고 밝혔다. 이 노래기는 암컷 한 마리의 다리가 666개였다고 한다.

곤충류의 일종인 파리는 앞다리를 비비고 입으로 가져가는 행동을 한다. 이것은 앞다리에 있는 빨판을 깨끗이 청소하고, 빨판에 적당한 습기를 유지시키기 위해서이다. 빨판에 먼지가 끼고 습기가 없어지면 천장이나 유리 같은 미끄러운 곳에 앉기가 힘들기 때문이다. 이렇듯 파리의 앞다리에는 항상 습기가 있기 때문에 세균도 많다. 파리가 음식물에 앉는 것을 쫓는 이유가 여기에 있는 것이다.

9. 세상을 지배하는 황금분할

황금분할(golden section)이란 평면기하학에서 하나의 선분을 한 점에 의하여 두 개의 부분으로 나누어, 그 한쪽의 제곱을 나머지와 전체의 곱과 같게 하는 분할법이다. 즉 하나의 선분 AB가 있을 때, 그 선분에 한 점 P를 구하여 $(AP)^2=BP \times AB$가 되도록 하는 것이다. 황금분할은 분할된 대(大)와 소(小)의 비가 1 대 1.6184……로서, 지금까지 남아 있는 유물 가운데 황금분할을 적용한 최고의 예는 기원전 4700여 년 전에 건설된 이집트의 피라미드에서 찾을 수 있다. 이러한 황금분할의 개념과 효용 가치는 그리스에 전해졌고, 고대 그리스 이래 가장 조화롭고 아름다운 분할법으로 인정되어 미술, 건축, 사진, 음악 등에 이용되고 있다. 예를 들면 유네스코 지정 세계문화유산 1호인 파르테논 신전도 각 부분이 정확하게 기하학적인 비율로 되어 있다.

황금분할은 우리의 일상생활에서도 쉽게 찾을 수 있다. 예를 들면 책, 담뱃갑, 명함, 신용카드 등의 가로와 세로의 비가 거의 황금비에 가깝다. 특히 신용카드의 가로와 세로 길이는 각각 8.6센티미터와 5.35센티미터로서, 8.6/5.35=1.607의 비율로 황금비율에 가깝다. 또한 머리를 커트할 때도 황금분할로 하는 것이 가장 아름답고, 그림을 넣은 액자의 가로와 세로 비율도 황금비율일 때 가장 안정감이 있다.

사람의 몸도 황금분할할 수 있는데, 그때 기준이 되는 점은 배꼽이다. 배꼽 상반신을 황금분할하는 점은 어깨이고, 배꼽 하반신을 황금분할하는 점은 무릎이며, 어깨 위를 황금분할하는 점은 코의 위치이다. 배꼽, 어깨, 무릎, 코의 위치가 황금분할되어 있으면, 조화와 균형을 이룬 미인이라고 할 수 있다.

황금비(黃金比)라고도 하는 황금분할은 자연에서도 많이 발견된다. 계란의 가로와 세로 비율, 소라나 조개껍질의 각 줄 간의 비율, 식물의 잎차례와 꽃잎 등, 초식동물의 뿔, 독수리의 부리, 그리고 사람의 손과 이빨도 황금비율로 되어 있다. 앵무조개의 아름다운 소용돌이무늬 껍질의 내부는 나선으로 되어 있는데, 접선의 세로 방향과 가로 방향 선분의 길이 비가 황금분할되어 있다. 또 해바라기 꽃의 중앙 부분에 있는 씨의 배열은 오른쪽과 왼쪽으로 도는 두 종류의 나

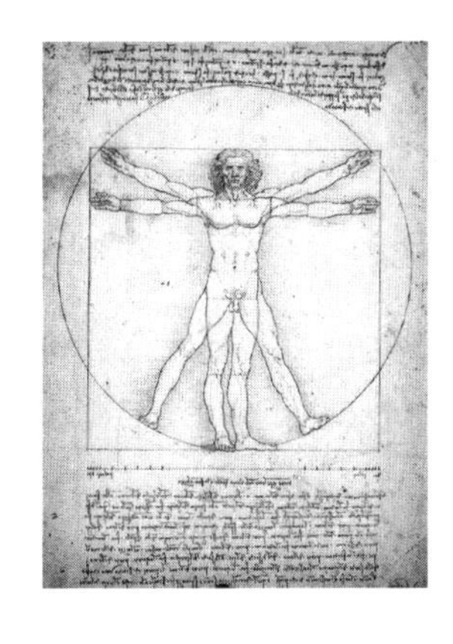

레오나르도 다빈치의 〈비트루비우스의 인체비례〉에도 황금비율이 들어 있다.

선을 이루고 있는데, 이 나선의 수도 34/55, 55/89, 89/144 등으로 황금분할되어 있다. 우회전 배열과 좌회전 배열로 붙어 있는 솔방울의 비늘 조각 줄의 수도 황금분할되어 있으며, 파인애플 열매나 국화에서도 이러한 꽃잎의 배열을 볼 수 있다.

그 외에도 황금분할의 예는 얼마든지 있다. 십자가의 가로와 세로의 비도 황금분할이고, 바이올린 몸통의 양 구멍에서 그은 직선이 만나는 점도 황금분할점이며, 또 바이올린의 몸체와 목간의 비율도 황금분할에 따른 것이다. 우리 전통 가옥의 날아갈 듯한 지붕의 처마선도 그렇고, 버선이나 꽃신의 코도 황금분할된 것이다.

여러 가지 사각형 모형을 제시하고, 가장 안정적으로 느껴지거나 제일 먼저 눈에 들어오는 사각형을 고르는 실험을 한 결과에 의하면 문화권, 인종, 성별, 연령 등에 관계없이 대개의 사람들이 황금분할된 직사각형을 고른다고 한다. 또한 두 개의 막대기를 주고 십자가를 만들어보라고 하면, 대부분의 사람이 황금분할 지점에 근접하여 십자가를 교차해 놓는다.

이렇듯 황금분할 비율은 사람들이 가장 안정적이며 편안하게 느끼는 요소를 내재하고 있다고 볼 수 있다. 바꾸어 말하면, 의식적이건 무의식적이건 간에 황금분할이 사람의 행동 양식에 어느 정도 영향을 미친다고 할 수 있는 것이다.

그런데 사람들은 왜 황금분할 비율에 의해 이루어진 구도에서 가장 안정적이고 편안한 마음을 느끼는 것일까? 그것은 사람이 그렇게 만들어져 태어났기 때문이다. 누가 가르쳐서가 아니라 꽃을 보면 아름다움을 느끼고, 뱀이나 거미를 보면 공포심이나 혐오감을 느끼는 감정이 저절로 생긴 것처럼 말이다.

자연은 혼돈이 아닌 통일된 하나의 질서이고, 그 질서 안에서의 순환이다. 결국 사람은 자연의 황금분할 속에 살아오면서, 황금분할의 미와 안전감에 의식적으로든 무의식적으로든 익숙해졌을 것이다. 그러한 익숙함이 오랫동안 사람의 DNA 코드에 축적되어 유전되고 더욱 발전하여 현재의 사람에게까지 이르렀다고 볼 수 있다.

이러한 황금분할의 신비한 요소로 인해 고대 그리스 철학자 플라톤은 황금비율을 '세상 삼라만상을 지배하는 힘의 비밀을 푸는 열쇠' 라고 했고, 16세기의 천체 물리학자 요하네스 케플러(Johannes Kepler)는 '성스러운 분할' 이라고 표현했다.

10. 이목구비를 통해 보는 미인의 조건

이목구비(耳目口鼻)란 귀, 눈, 입, 코를 중심으로 한 얼굴의 생김새를 말한다. 귀는 음파를 받아들여 소리를 느끼게 하는 감각기관이다. 사람의 귀는 다른 영장류에 비해 기능이 크게 줄었으나, 귀 주변에는 아홉 개의 근육(동이근) 흔적들이 남아 있어 귀를 움직이던 지난날의 영광을 말해주고 있다. 사람들은 귀의 운동 능력을 잃은 대신 이를 머리의 운동 능력으로 보완하고 있는데, 그 때문에 우리는 소리가 나는 쪽으로 머리를 돌리면서 듣는다.

눈은 빛을 받아들여 세상을 볼 수 있게 하는 중요한 감각기관이다. 사람의 눈은 탁구공보다 크지 않은데, 두 눈이 머리 앞쪽에 위치함으로써 우리는 세상을 쌍안경으로 보고 있는 셈이다. 두 개의 눈은 원시 수렵시대에 사냥감의 거리와 크기를 측정하는 데 중요한 몫을 했다. 다른 영장류들은 흰자위의 색깔이 갈색이어서 눈이 어느 방향을 보고 있는지 정확히 알 수 없다. 그러나 사람의 눈은 흰자위가 뚜렷해서 어느 방향을 보고 있는지, 또한 눈으로 무엇을 말하고자 하는지 비교적 쉽게 알 수 있다.

입은 인체 중에서 가장 바쁜 기관 중 하나로, 음식물을 받아들여 액체 상태 물질의 맛을 느끼게 하는 감각기관이다. 또한 입술 둘레에 있는 동그란 근육은 다양한 표정으로 입의 변화를 연출한다. 침팬지의 재미있는 입 연출도 사람들의 능력을 능가하지는 못한다.

진화 과정에서 사람의 얼굴 근육들은 오로지 표정을 연출하는 기능 쪽으로 적응해 왔다. 이와 턱으로 먹이를 물고 찢던 노동의 역할이 칼과 가위를 사용하는 손으로 옮겨지면서 이러한 진화가 가능해졌는데, 얼굴 근육을 자유자재로 사용할 수 있는 사람은 유능한 탤런트가 될 수 있을 것이다.

코는 공기를 받아들여 기체 상태 물질의 냄새를 느끼게 하는 감각기관이다. 사람의 코는 냄새를 맡는 것 외에 들어 마신 공기를 데우고 깨끗이 하며, 습기를 보태 폐로 보내는 공기 조절장치 역할도 한다. 덥고 메마른 지역에 사는 아랍인들은 코가 크고 우뚝한 반면에, 덥고 습기가 많은 열대우림 지역의 동남 아시아인들은 코가 넓고 납작하다. 이렇듯 코의 모양은 인종이나 환경 등에 따라 다양하다. 또한 코에는 부비동(副鼻洞)이란 비어 있는 공간이 있어서 목소리를 공명하게 하는데, 이 부비동에 염증이 생기면 축농증이 된다.

흔히 이목구비가 뚜렷하면 미인이라고 한다. 그렇다면 눈이 뚜렷하고, 귀가 뚜렷하고, 입이 뚜렷하고, 코가 뚜렷하면 모두가 미인인가? 그렇지는 않다. 보는 사람의 관점에 따라 다르겠지만, 보편적으로 이목구비 중 어느 하나가 지나치게 뚜렷하거나 지나치게 뚜렷하지 않아도 미인으로 보이지 않는다. 또한 얼굴의 구성 요소인 이마와 턱도 미인을 만드는 데 한몫을 한다.

이마는 눈썹 위에서 앞머리까지의 상하, 그리고 관자놀이 사이의 좌우를 말한다. 관자놀이는 망건을 착용했을 때 맥박이 뛰면서 관자를 움직이게(놀게) 했다는 데서 유래된 용어다. 동물 가운데 침팬지의 이마는 털이 나 있고 밋밋하게 올라가며, 눈썹이 없는 눈두덩이 큼직하게 두드러져 있다. 그러나 사람의 이마는 가파르게 수직으로 올라가고 털이 없으며, 불거지지 않은 눈두덩에 눈썹이 나 있다.

턱은 위턱과 아래턱으로 나뉘어 쌍을 이루며, 음식물 섭취에 도움이 되는 기관이다. 턱의 출현은 척추동물의 진화상 중요한 위치를 차지하는데, 어류에서부터 상하의 턱이 비로소 뼈에서 생겨났다. 사람의 경우는 턱의 범위가 뚜렷하지 않지만 일반적으로 정면에서는 코 아래부터 아래턱 부분, 측면에서는 귀의 앞부분까지를 턱이라고 한다. 위턱은 상악골, 아래턱은 하악골이란 뼈가 중심이 되어 입을 형성하고 있다.

보통 턱에서 코끝까지, 코끝에서 눈까지, 그리고 이마의 길이가 3등분된 경우를 균형 잡힌 얼굴 미인이라고 한다. 즉 이목구비, 턱, 이마가 서로 조화를 이룰 때 미인이라고 볼 수 있는 것이다. 그런데 미인이란 상대적인 것이며, 역사에 따라 그 기준도 다양하게 변하였다. 서양의 대표적 미인인 클레오파트라와 동양의 대표적 미인인 양귀비가 오늘날 다시 태어난다면, 지금도 여전히 미인으로 볼 수 있을까?

우리나라의 경우만 해도 고구려 벽화나 조선시대 민화에 나오는 미인은 얼굴이 길고 눈과 입이 가늘고 작은 북방계 미인이었다. 북방계 미인은 평면적이고 이목구비가 작은 반면에 훤한 인상을 준다. 그러다가 조선 후기 이후 점차 시각적으로 강한 느낌을 주는 남방계 미인을 선호하게 되었다. 남방계 미인은 전체적으로 이목구비가 크고 입체적인 느낌을 주는데, 오늘날 우리나라 사람들이 선호하는 미인의 평균도 남방계에 가깝다. 이렇듯 시대에 따라 기준이 달라지는 외모의 아름다움도 중요하지만 내적인 마음의 아름다움이 우선 갖춰져야 할 것이다.

11. 우리 몸의 입구인 입과 출구인 항문

우리 몸에서 음식물이 들어오는 입구는 입이고, 소화되고 남은 찌꺼기가 빠져나가는 출구는 항문이다. 따라서 입은 우리 몸의 A이고, 항문은 Z라고 볼 수 있다. 입에 이상이 생기면 음식물을 제대로 받을 수 없고, 출구인 항문에 이상이 생기면 찌꺼기를 제대로 배출할 수 없게 되어 건강한 삶을 살 수가 없다.

입의 주요 기관으로는 침샘과 혀, 이가 있다. 침을 내보내는 침샘은 귀밑샘, 혀밑샘, 턱밑샘이 있는데, 침 속에는 녹말을 소화시키는 아밀라아제(amylase)가 들어 있다. 혀는 음식물과 침이 잘 섞이도록 비벼주는 역할을 하고, 이는 음식물을 씹는 역할을 하는 기관이다. 밥을 오래 씹으면 단맛이 나는데, 이것은 이가 밥 덩어리를 잘게 부수어 밥의 표면적을 넓혀주고, 혀가 밥과 침을 잘 섞어주며, 침 속의 아밀라아제라는 효소가 밥 속의 녹말을 단맛이 나는 엿당으로 소화시키기 때문이다. 이러한 원리를 이용하여 아밀라아제와 옥수수로 옥수수엿을 만들고, 아밀라아제와 호박으로 호박엿을 만들며, 아밀라아제와 밥으로 식혜를 만든다.

이의 바깥 부분은 딱딱하고 매끈한 에나멜질로 덮여 있고, 바로 그 밑에 뼈의 성분과 같은 상아질(象牙質)이 있으며, 그 아래의 치수에 혈관과 신경이 분포한다. 입 안에서 잘 생기는 질병이 '충치'와 '풍치'인데, 충치는 미생물에 의해 에나멜질과 상아질의 칼슘 성분이 파괴되는 질병이다. 음식물 중 당분은 이의 표면에 얇은 음식 찌꺼기 막을 만든다. 이 막에 미생물이 번식하면서 산성 물질을 배출하여 이의 칼슘 성분을 파괴하고 충치를 만드는 것이다. 풍치 역시 미생물에 의해 생기며 잇몸이 상하는 질병이다. 충치와 풍치를 예방하려면 음식을 먹은 후 바로 양치질을 하여 음식물 찌꺼기를 제거하고, 잠자기 전에도 이를 닦아야 한다. 또한 초콜릿, 비스킷, 사탕 등의 간식을 가급적 피하고, 야채나 과일을 자주 먹는 것이 좋다.

현대인에게 흔히 발생하는 직장암이나 대장암은 섬유질 섭취의 감소와 동물성 지방의 섭취 증가가 주된 원인이다. 유전적인 요인도 있지만 식생활의 서구화와 불규칙한 식사 습관으로 인해 대장암의 발생률이 해마다 증가하고 있다. 대장암은 50~60대에서 자주 발생하는데, 초기에 발견하면 95퍼센트 이상 완치가 가능하므로 40세 이상은 1년에 한 번 정도 대장 내시경 검사를 받는 것이 좋다. 대장암의 주된 증상은 변의 굵기가 가늘어지고 피가 섞여서 나오는 것이다.

대장은 1.5미터 정도 길이의 굵은 관으로 맹장, 결장, 직장의 세 부분으로 되어 있으며, 직장의 제일 끝이 항문이다. 대장에서는 소화액이 분비되지 않으므로 소화효소에 의한 화학적 소화는 일어나지 않는다. 대장균을 비롯하여 대장에 살고 있는 각종 장내 세균은 사람에게 해를 입히지 않고, 오히려 병원성 세균 같은 다른 미생물이 장내에 자리 잡지 못하도록 하며, 소화효소로 소화되지 않는 섬유소 등

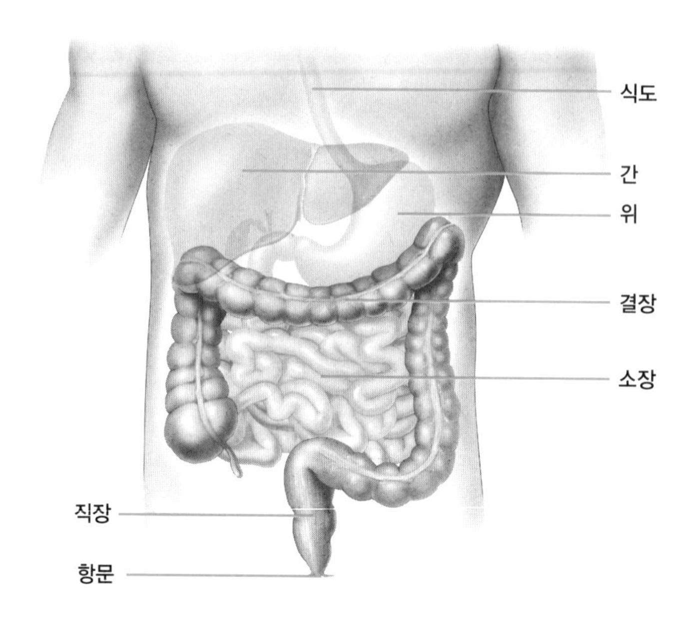

사람의 소화기관

의 물질을 분해하여 비타민 B와 K 등을 만들기도 한다. 또한 탄수화물을 분해하는 과정에서 수소(H_2), 산소(O_2), 이산화탄소(CO_2), 메탄(CH_4) 가스를 생성하기도 하고, 단백질이나 아미노산을 분해하여 인돌(C_8H_7N)이나 스카톨(C_9H_9N), 또는 황화수소(H_2S)를 발생시킨다. 대변의 독특한 냄새는 이 같은 물질의 냄새 때문이다.

대장의 주된 기능은 수분의 대부분을 흡수하는 것으로, 대장에서 수분이 빠진 찌꺼기는 항문을 통해 몸 밖으로 배출된다. 대변을 3일 이상 못 보고 대변의 굳기가 단단해지는 변화를 '변비'라고 하는데, 대변의 재료는 음식물 찌꺼기이므로 입으로 들어가는 음식물이 많아야 최종 찌꺼기인 대변이 많아져서 수월하게 변을 볼 수 있다.

그러므로 밥을 굶거나 지나치게 적게 먹는 사람은 변비에 걸리기 쉽다. 또한 섬유소가 풍부한 음식과 수분을 섭취하고 적당한 운동을 해야 변비를 예방할 수 있다.

항문에 생기는 모든 질환을 치질이라고 한다. 치질은 대부분 직장 하부에 분포한 정맥이 여러 가지 원인에 의해 부풀어 항문 밖으로 돌출하면서 통증과 출혈을 일으킨다. 치질의 주된 원인은 변비와 설사이며, 오랜 시간 서 있거나 지나치게 오래 앉아 변을 보는 습관 등으로 항문 주변의 정맥압이 높아지는 상태가 반복되면 치질이 발생하기 쉽다.

우리 몸의 입구인 입의 구강을 연구하는 분야를 구강생물학이라 하며 주로 치의학에서 다루고, 출구인 항문을 연구하는 분야를 대장생물학이라 하며 주로 내과의학과 외과의학에서 다룬다.

12. 엉덩이가 가지고 있는 상징적 의미

엉덩이는 허리 뒤쪽 아래부터 허벅다리 위까지 양쪽으로 살이 불룩한 부분 가운데 윗부분을 말하며, 해부학적으로는 둔부(臀部), 그리고 일반적으로는 히프(hip) 또는 볼기라고도 한다. 반면에 궁둥이는 엉덩이의 아랫부분으로서 앉으면 바닥에 닿는 근육이 많은 부분을 말한다. 보통 네 발 가진 포유동물의 엉덩이와 궁둥이를 합해 방둥이라고도 하는데, 이는 엉덩이를 속되게 이르는 말로 사용되기도 한다.

사람의 몸통과 다리가 만나는 넓적한 골반 자리에서 신체를 돌출시키는 부위가 엉덩이(hip)이다. 영어의 'hip'는 '들썩이다(hop)'에서 유래된 말인데, 청소년들 사이에서 유행하는 힙합댄스는 '엉덩이'를 뜻하는 'hip'와 '들썩이다'를 나타내는 'hop'의 합성어로서, 흑인들이 음악에 맞추어 가볍게 엉덩이를 들썩이는 동작에서 유래된 것이다.

우리 한민족은 신생아 때 엉덩이에 푸른색의 몽고반점이 나타난다. 이 몽고반점은 몽고인과 인디언들에게도 나타나는데, 따라서 한민족, 몽고인, 인디언들은 유전적으로 가까운 사이라고 볼 수 있다. 실제로 인디언의 유전자를 분석한 결과, 그들이 몽골리안의 한 분파라는 사실이 입증되었다. 인류학에서는 우리 한민족의 발원지를 시베리아 바이칼호 일대인 것으로 보고 있다. 우리 조상이 바이칼호 일대에서 세 갈래로 갈라져, 하나는 중앙아시아를 넘어 서쪽의 터키로 진출했고, 또 하나는 몽고, 부탄 등을 거쳐 남쪽의 동남아로 진출하였으며, 나머지 하나는 만주를 거쳐 동쪽의 한반도와 아메리카로 진출했다고 보는 것이다.

인류가 직립보행을 하면서부터 궁둥이가 발달하기 시작했고, 둔근육(臀筋肉)이 발달하면서 사람들은 완전하게 직립보행을 할 수 있게 되었다. 툭 튀어나온 궁둥이는 사람만이 가지고 있는 해부학적인 특징으로, 예를 들어 침팬지 궁둥이의 튀어나온 정도는 사람 궁둥이와는 비교할 수도 없다.

사람의 궁둥이는 남녀 모두 돌출된 반구형을 하고 있지만, 사춘기에 이르면 여성이 더 넓고 두드러져서 뚜렷한 차이를 보인다. 그것은 임신과 분만을 위해 여성들의 골반이 커지는 데에 일차적인 원인이 있고, 여성의 궁둥이에 지방이 많이 쌓이기 때문이기도 하다. 그래서 여성의 엉덩이는 건강한 출산력을 상징하기도 하며, 남성을 유혹하는 성적 매력으로 비춰지기도 한다.

궁둥이 사이에는 항문이 있다. 사람들이 섭취한 음식물이 소화 · 흡수된 이후에 남은 찌꺼기가 이 항문을 통하여 대변으로 배설되며, 가스 형태의 방귀도 배출된다. 따라서 타인에게 궁둥이를 보여주는 것은 심한 치욕을 주는 행위이다. 창과 칼을 사용하던 옛날 전쟁에서 적군이 진지나 성안에서 나오지 않고 지키기만 하면, 적군들에게 궁둥이를 보이며 야유를 퍼붓고 약을 올림으로써 적군들을 진지나 성

옛날 전쟁에서는 궁둥이를 보여주며 적군의 약을 올렸다.

밖으로 유인하곤 하였다. 또한 외국영화에서는 상대방을 가볍게 조롱하기 위해 엉덩이를 살짝 보여주는 것을 쉽게 볼 수 있다.

"백두산 뻗어나려 반도 삼천리, 무궁화 이 동산에 역사 반만년, 대대로 예 사는 우리 삼천만, 복되도다 그 이름 대한이로세." 이 노래는 부모님들이 어린아이 시절 즐겨 부르던 '대한의 노래' 일절 가사이다. 이 노래는 "원숭이 똥구멍은 빨개→빨가면 사과→사과는 맛있어→맛있으면 바나나→바나나는 길어→길으면 기차→기차는 빨라→빠르면 비행기→비행기는 높아→높으면 백두산"이라고 한 후에 바로 이어서 부르던 노래이다. 여기에서 '원숭이 똥구멍은 빨개'는 원숭이의 궁둥이(항문 주위)에 퍼져 있는 모세혈관의 혈액 때문에 엉덩이가 빨갛게 보이는 데서 유래된 것이다.

피부에 있는 모세혈관은 체온을 조절하는 역할을 한다. 즉 더운 여름철에는 모세혈관이 확장되어 열을 많이 내보내고, 추운 겨울철에는 모세혈관이 수축되어 열을 적게 내보낸다. 그래서 추운 겨울에 밖에 나가 가만히 있으면 얼굴 피부의 모세혈관이 수축되어 볼이 하얗게 된다. 그러다가 걷거나 뛰는 운동을 하면 몸에서 많은 열이 발생되고, 이 열을 얼굴의 피부로 내보내기 위해 모세혈관이 확장되어 볼이 빨갛게 되는 것이다. 실제로 여름과 겨울에 동물원에 가서 원숭이 궁둥이를 사진 찍어 비교해보면 여름철에 더 빨갛다는 것을 알 수 있을 것이다.

제2부

몸속으로 떠나는 과학여행

1. 방귀에 대한 오해와 진실

어린이들 사이에서는 〈방귀대장 뿡뿡이〉처럼 방귀 관련 동화와 방귀쟁이 인형들의 인기가 많다. 그 이유는 방귀소리와 고약한 냄새가 때로 익살스럽기도 하기 때문일 것이다. 우리가 음식물을 삼킬 때마다 수 밀리리터의 공기가 입으로 들어간다. 그중 대부분은 트림으로 배출되지만 일부는 대장으로 내려간다. 대장에는 500여 종류의 세균이 살고 있는데, 이들은 소화되지 않은 음식물 찌꺼기를 발효시키면서 가스를 만들어낸다. 이때 만들어진 가스와 장으로 내려온 공기가 항문을 통해 밖으로 나오는 것이 방귀이다.

대장 속 세균에 의해 만들어지는 가스 가운데 가장 많은 것은 수소이다. 또 일부 세균들은 수소를 이용하여 메탄가스를 만든다. 수소와 메탄가스는 음식물 찌꺼기에 들어 있는 황과 결합하여 독한 냄새를 일으키는 황화수소가 된다. 암모니아와 인돌 또한 방귀 냄새의 주범이다. 따라서 황과 질소가 포함된 음식을 많이 먹으면, 고약한 냄새가 나는 방귀를 뀌게 된다. 음식에 포함된 주영양소 중 탄수화물과 지방은 탄소, 산소, 수소로 구성되어 있고, 단백질은 탄소, 산소, 수소, 질소로 구성되어 있다. 그러므로 단백질성 음식을 많이 먹으면 방귀 냄새가 고약해질 것이다.

보통 우리 몸에서는 하루에 400~500밀리리터의 가스가 만들어진다. 이 가운데 250~300밀리리터가 방귀로 배출되고, 나머지는 트림이나 혈관에 흡수되어 호흡으로 빠져나간다. 따라서 대장의 상태는 입 냄새와도 관계가 있다. 대변 냄새 같은 입 냄새가 나는 사람들의 경우에는 수소와 메탄가스 농도가 정상적인 사람에 비하여 높다. 이런 사람들은 대부분 장내 이상발효, 대장염, 만성변비 등의 대장 질환을 가지고 있다.

스컹크의 방귀 냄새가 지독하다고 알려져 있는데, 이것은 옳은 말이 아니다. 아메리카 사막과 초원에서 곤충, 조류, 나무 열매 등을 먹고사는 스컹크의 몸에는 검은 바탕에 흰색 줄무늬가 있는데, 동물

사람은 보통 하루에 250~300밀리미터의 방귀를 배출한다.

들은 이 줄무늬를 보기만 해도 경계심을 갖는다. 왜냐하면 스컹크는 위기상황에서 자신을 보호하기 위해, 항문선에서 분비되는 특수한 악취 물질을 방출함으로써 적을 격퇴시키기 때문이다. 늑대나 곰 같은 사나운 동물들도 스컹크의 냄새 앞에선 꼼짝 못하지만, 실제로 스컹크의 냄새는 방귀와는 관계가 없는 것이다.

방귀에는 소리 없이 슬그머니 새나가는 '미끄럼 방귀', 피식하는 '코방귀', 뽀보보뽕 하고 짧게 연발하는 '드럼 방귀', 순식간에 뿌웅 하는 '대포 방귀' 등 여러 가지가 있다. 보통 방귀소리는 배출되는 가스의 양과 압력, 그리고 항문의 상태에 따라 결정되는데, 같은 힘을 주더라도 통로(항문)가 좁을수록 소리가 높게 난다. 물고기도 방귀를 뀐다. 예를 들어 청어 무리는 방귀소리를 이용하여 서로 의사소통을 하는데, 척추동물처럼 소화기관이 발달한 동물들은 모두 방귀를 뀐다고 볼 수 있다.

위나 소장, 대장 같은 내장을 수술한 후에 장이 제자리를 찾아가고 나서 내는 첫 방귀소리는 반가운 신호이다. 부모, 형제, 자식들이 간절하게 기다리는 아름다운 생명의 소리이기 때문이다. 또 갓난아기의 방귀소리는 정상적인 소화를 엄마에게 알리는 기쁨의 소리이다. 그러나 모든 방귀가 좋은 신호는 아니다. 냄새가 나지 않으면서 속이 시원하다는 느낌을 받을 때는 소화가 잘 된다는 신호이나, 악취가 진동하는 방귀가 계속되면 대장 기능에 이상이 생겼다는 위험신호로 받아들여야 한다.

방귀를 참아서 황화수소 같은 독성 가스가 장 속에 남게 되면,

이 가스가 소장으로 역류되고 혈액에 흡수되어, 간 기능을 약하게 하거나 면역력을 저하시킬 수 있다. 따라서 방귀는 참지 말고 시원하게 뀌는 것이 건강에 좋다. 방귀 한 방은 불필요한 체내 가스를 몸 밖으로 시원하게 배출하는 건강 보호 작용인 것이다.

2. 건강상태를 알려주는 오줌

탄소와 산소, 수소로 구성된 탄수화물과 지방의 소화 산물인 포도당, 지방산, 글리세롤이 세포호흡 반응에서 산화되면 주산물로 에너지(ATP)가 생성되고 부산물로 이산화탄소와 물이 생성된다. 또한 탄소, 산소, 수소, 질소로 구성된 단백질의 소화 산물인 아미노산이 세포호흡 반응에서 산화되면, 주산물로 에너지가 생성되고 부산물로 이산화탄소와 물, 그리고 암모니아가 생성된다. 사람의 경우에 유독성인 암모니아는 간에서 무독성의 요소로 전환되어 혈액을 따라 이동하다가 신장에서 오줌으로 배설된다.

어류(붕어 등) 같은 수중동물들은 암모니아를 그대로 배설하는데, 암모니아는 수용성이어서 물에 희석되기 때문에 유독성의 문제가 해결된다. 그러나 어항에서 물고기를 키울 때에는 물을 주기적으로 갈아주어 암모니아를 없애야 한다. 양서류(개구리 등)와 포유류(사람 등)처럼 물을 많이 먹는 육상동물들은 암모니아를 수용성이며 무독성인 요소로 전환하여 배설한다. 또한 곤충류(메뚜기 등), 파충류(뱀 등), 조류(닭 등)처럼 물을 적게 먹는 육상동물들은 암모니아를 불수용이며 무독성인 요산으로 전환하여 배설한다. 그런데 곤충류, 파충류, 조류는 오줌을 싸지 않고, 요산을 대변에 섞어 배출한

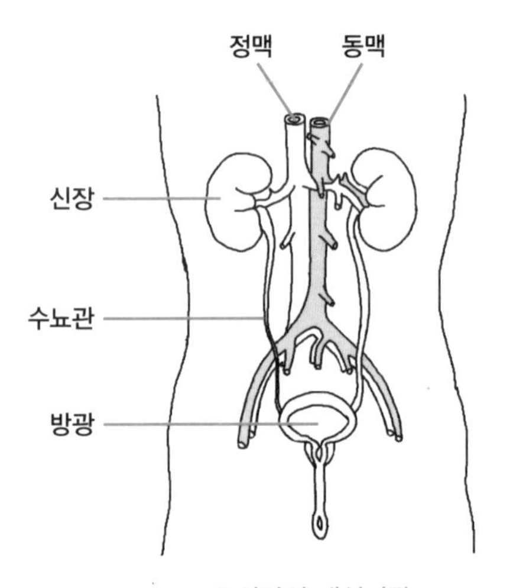

■ 사람의 배설기관

다. 이러한 까닭에 상식 밖의 행동을 하는 사람을 똥과 오줌을 구별하지 못하는 조류에 빗대어 새대가리(닭대가리) 같다고 표현하기도 한다.

오줌은 몸 밖으로 나오기 전까지 무균 상태이며, 온몸을 두루 거친 혈액이 신장에서 걸러져 만들어지므로 몸의 건강상태를 나타내는 바이메탈 역할을 한다. 신장은 콩 모양의 암적색 기관으로서 등 쪽으로 좌우 양쪽에 하나씩 있다. 성인이 하루에 배출하는 오줌의 양은 약 1.5리터 정도이고, 한 번에 200~300밀리리터씩 내보낸다. 계절 등에 따라 차이는 있으나 하루에 오줌을 누는 횟수는 보통 4~5회 정도이고, 10회를 넘기거나 1~2회에 그치면 몸에 이상이 있다는 신호일 수 있다.

오줌의 색깔은 무색에서 황갈색에 이르기까지 다양하다. 특히

수분 섭취가 부족하거나 땀을 많이 흘린 후에는 오줌이 진하게 농축되므로 좀 더 짙은 색을 띤다. 그러나 특별한 이유 없이 오줌의 색깔이 변하면 건강에 이상이 있다는 신호일 수 있다. 오줌 색이 아주 진한 황갈색을 띠면 황달을 의심할 수 있는데, 황달은 쓸개즙이 원활하게 흐르지 못하여 쓸개즙 색소인 빌리루빈이 혈액 및 조직 속에 증가하는 질병이다. 황달에 걸리면 피부와 눈이 누렇게 되며 온몸이 노곤하고 입맛이 없어 몸이 여위게 된다.

오줌에 피가 섞여 나오면 신장이나 오줌의 배설 경로에 이상이 생긴 것일 수 있다. 그러나 붉은 오줌이 반드시 혈뇨에 의한 것만은 아니고, 약이나 색소의 섭취에 의한 경우일 때도 많다. 또한 오줌에서 톡 쏘는 암모니아 냄새가 나면 세균 감염일 가능성이 높다. 혈당이 높아 오줌에 포도당이 섞여 나오는 당뇨병에 걸리면 오줌의 양이 많아지고, 오줌 속의 당이 발효되어 거품이 일거나 단내가 난다. 그러나 당뇨병 여부를 정확하게 진단하기 위해서는 직접 혈당량을 측정해야 한다.

오줌을 잘 누지 못하고 몸이 붓는 질병을 신부전증이라 하는데, 이는 혈액에서 오줌을 거르지 못하여 생긴다. 체로 걸러내는 것에 비유한다면, 체에 찌꺼기가 남거나 체의 망이 녹슬어서 수분을 걸러내는 속도가 느려지고 찌꺼기 물질이 계속 혈액 속에 남아 있는 것과 같다. 이렇게 되면 오줌량이 줄어들고, 오줌으로 배출되지 못한 수분들이 몸에 쌓여서 몸이 붓는다. 또 독성물질을 걸러내지 못하므로 이러한 물질이 몸에 쌓여 여러 가지 나쁜 증상들이 나타난다.

또 하나의 문제는 단백질 뇨이다. 단백질은 크기가 커서 걸러지는 물질이지만, 신장이 손상되면 걸러져서는 안 되는 단백질이 오줌으로 빠져나온다. 체의 망이 군데군데 구멍이 뚫려서 빠져 나와서는 안 되는 큰 단백질이 걸러지는 것이라고 생각하면 된다. 오줌이 뿌옇거나 거품이 많은 경우에는 단백질이 섞여 나오는 단백뇨일 가능성이 있다.

병이 없는 사람이라 하더라도 오줌에는 여러 물질이 섞여 있다. 신장에서 걸러진 후 완전히 재흡수되지 않는 물질들은 모두 오줌에 섞여 나온다. 마약이나 환각물질의 복용 여부를 오줌으로 검사하는 것도 오줌 속에 이들의 대사물질이 섞여 있기 때문이다. 이러한 이유로 운동선수가 금지된 약물을 복용했는지의 여부를 알아보는 도핑 테스트에 오줌이 이용되고, 오줌 속의 호르몬을 검사하여 임신 여부를 확인할 수도 있다.

3. 간은 거대한 화학공장이다

요즈음 웰빙 바람을 타고 새싹채소를 건강식으로 즐겨먹는데, 새싹채소는 씨앗을 발아시켜 7~10일 된 싹을 말한다. 씨앗의 발아가 시작되면 여러 가지 효소가 작용하면서 물질대사가 활발해진다. 녹말, 지방, 단백질 등의 씨앗 저장양분이 포도당, 지방산, 아미노산 등으로 분해되어 호흡기질(呼吸基質)로 이용되고, 새로운 세포 형성에 필요한 각종 물질들도 만들어진다. 또한 새로 돋아난 뿌리에서 양분과 수분을 흡수하고, 떡잎이나 초기의 잎에 엽록소가 형성되면서 광합성을 하는 독립영양 생장을 하게 된다. 이렇듯 새싹의 초기 발생 때는 씨앗에는 없었던 유익한 유기물질들이 많이 만들어진다.

새싹채소는 녹말, 지방, 단백질 등이 적기 때문에 씨앗에 비해 훨씬 저칼로리이고, 성장한 채소보다 비타민과 무기염류가 서너 배 많으며, 성장에 필요한 여러 종류의 아미노산을 가지고 있다. 콩을 예로 들면, 콩이 콩나물로 성장하면서 콩 속의 단백질과 지방 등은 줄어들지만, 콩에는 별로 없었던 비타민 B와 C, 판토텐산, 아스파라긴산, 각종 아미노산, 섬유질 등이 만들어진다. 1905년 러일전쟁에서 러시아의 발틱함대가 일본에게 격파되었는데, 오랜 기간 항해하여 대마도에 도착한 러시아 군대는 부족한 야채 섭취로 비타민 C

가 결핍되어 괴혈병과 피로에 시달리다 결국 전쟁에 패한 것으로 드러났다. 러시아 함대가 콩나물의 재배법을 알고 있었다면 전세는 역전되었을지도 모른다.

동물들의 경우에도 초기 발생 때 물질대사가 활발해지면서 유익한 유기물질들이 많이 만들어진다. 우리나라와 중국, 필리핀 등에서는 건강식으로 곤달걀을 먹는다. 보통 판매되는 계란은 암탉이 감수분열로 만든 미수정란(무정란)인데, 수탉과 함께 키운 암탉은 수정란(유정란)을 낳는다. 이 수정란이 부화되다가 곯아버린 것을 곤달걀이라고 한다.

곯은 달걀은 부패가 진행되기 때문에 잘못 먹으면 몸에 해롭다. 따라서 건강식으로 먹는 곤달걀은 부화 도중의 건강한 수정란을 삶아서 먹는 것을 말한다. 부화 초기의 곤달걀은 일반 삶은 달걀과 비슷하지만, 뼈와 깃털이 생긴 미완성의 병아리가 들어 있다. 생각하기에 따라서는 좀 거북하지만, 달걀의 초기 발생 과정에 물질대사가 활발해지기 때문에 곤달걀에는 달걀과 닭에 비해 유익한 유기물질들이 많이 들어 있다.

이미 언급한 것처럼 물질대사가 왕성하면 유익한 유기물질들이 많이 만들어지는데, 동물의 기관 가운데 물질대사가 가장 왕성한 곳이 바로 간이다. 따라서 간에는 유익한 유기물질들이 많이 들어 있고, 건강에도 좋을 것이다. 간은 동물체 내 화학공장이라고 불릴 정도로 물질대사가 왕성한 기관으로, 실제로 여러 동물들의 간이나 그 내용물을 이용한 건강보조식품들이 판매되고 있다.

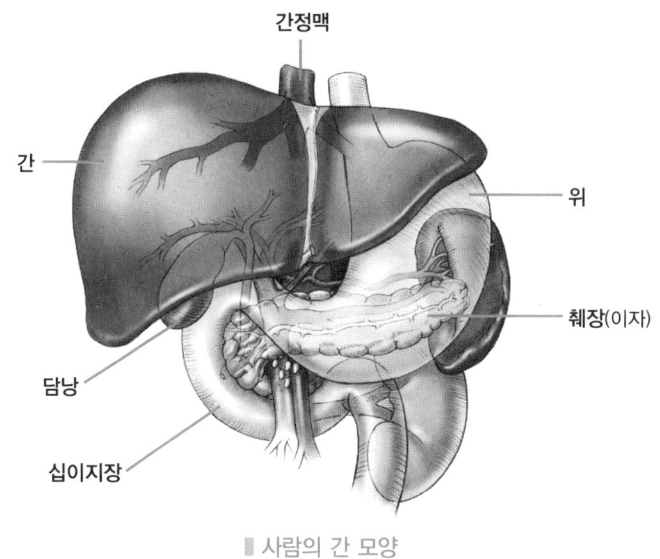

▮ 사람의 간 모양

위의 오른쪽에 위치하고 있는 사람의 간은 무게가 1킬로그램을 넘는 큰 기관으로, 무려 500여 가지의 중요한 기능을 한다. 간은 섭취한 영양소와 산소를 필요한 형태로 전환해서 공급하고, 키와 머리카락을 자라게 하며, 체내에서 발생하는 유해물질은 물론 알코올이나 암모니아 등의 독성 물질을 분해 · 배출시켜 체내 항상성을 유지시켜준다. 또한 소화와 흡수에 꼭 필요한 소화액인 쓸개즙을 매일 600~700밀리리터씩 생산하고, 건강 유지에 필수적인 요소인 철분과 혈액의 저장고 역할을 한다. 간이 하는 역할을 대략 정리하면 다음과 같다.

글리코겐의 저장 소장에서 흡수한 포도당을 글리코겐으로 바꾸어 저장하며, 혈액 중의 포도당 농도가 낮으면 이를 포도당으로 분해하여 혈당량을 조절한다.

지방의 교대 여분의 당이나 아미노산을 지방으로 전환시켜 저장조직에 저장했다가 에너지원이 감소되면 지방을 다시 간으로 운반하여 이용한다.

단백질 교대 간세포의 물질대사에 쓰이는 각종 효소와 혈장 단백질을 합성하며, 여분의 단백질을 지방으로 전환시켜 저장조직에 보낸다.

쓸개즙 생성 쓸개즙을 만들어 쓸개에 저장하는데, 쓸개즙은 적혈구가 분해될 때 생기는 빌리루빈 색소 때문에 황갈색이고 염기성이다.

해독작용 단백질의 분해 산물인 암모니아를 무독한 요소로 바꾸며, 체내에 들어온 유독물질을 분해하여 독을 없앤다.

기 타 체온을 조절하며 혈액을 저장하고 일부 비타민을 저장한다.

이렇게 간은 여러 가지 물질을 함유하고 다양한 기능을 수행하는 중요한 기관이다. 그래서 고전소설 《별주부전》에서는 용왕이 병을 치료하기 위해 토끼의 심장이나 뇌가 아니라 오로지 간만을 구해오도록 했고, 할머니가 들려주시던 옛날이야기에는 '여우가 사람의 간을 빼 먹는다' 는 것처럼 간과 관련된 내용들이 많았다. 소중한 것을 다주어도 아깝지 않을 정도로 친하다는 뜻으로 '간이라도 빼어 먹이겠다' 라는 표현을 쓰는 것도 그만큼 간이 소중하다는 의미일 것이다.

4. 백치가 될 뻔한 잠자는 숲속의 공주

몸과 마음의 활동을 쉬면서 무의식 상태가 되는 현상을 '잠' 또는 '수면'이라고 한다. 잠은 휴식을 취하고 피로를 회복시키는 시간이다. 잠을 잘 때 낮에 사용된 활동에너지가 보충되고, 성장기 아이들에게 필요한 성장호르몬이 가장 많이 분비된다. 뇌가 적절한 활동을 하기 위해서도 잠이 필요하다. 뇌는 인슐린이라는 호르몬의 도움 없이도 포도당을 분해해서 뇌 기능을 수행하는 데 필요한 에너지를 생성한다. 그런데 잠이 부족하면 포도당 대사의 효율이 떨어져 뇌 기능이 감퇴하기 때문에 결국 사고력, 기억력, 분석력 등도 저하된다.

수험생들에게 더 열심히 공부하라는 의미에서 사당오락(四當五落)을 얘기하기도 한다. '하루에 4시간 잠을 자면 목표하는 시험에 합격하고, 5시간 잠을 자면 떨어진다'는 의미인 이 말은 생물학적으로 옳은 말이 아니다. 왜냐하면 사람마다 생리적으로 잠을 자는 정도가 다르기 때문이다. 개인마다 자신의 생리적 기능에 맞게 잠을 자면서, 집중력 있게 공부하는 것이 가장 좋은 방법이다. 아침에 눈을 떠 5분쯤 후에 상쾌한 기분이 들고, 낮에 잠이 오지 않으며 집중력 및 기억력 장애 등이 없는 잠이 좋다. 이런 수면이 되려면 잠자리에 누워 5~10분 내에 잠들 수 있어야 하며, 자주 깨지 않아야 한다. 일반적으로 적절한 수면 시간은 보통 8시간 정도이지만 하루에 4~5시간만 자도 충분한 사람들이 있다. 나폴레옹도 하루에 4시간 정도 잠을 잤다고 한다.

동화 속 주인공인 '잠자는 숲속의 공주'는 100년 동안 잠을 자다가 왕자님에 의해 깨어났다. 그런데 사람이 100년 동안 가만히 한 자세로 누워 있다면 (단 하루라도 가만히 한 자세로 누워 있다면) 혈관(정맥) 속 혈액이 정체되어, 피엉김(혈전)이 발생하게 된다. 그때 왕자님이 깨워서 일어나게 되면, 혈전이 뇌의 혈관으로 이동하게 될 것이고, 뇌의 혈관이 막히면서 치명적인 뇌 손상이 일어나 공주님은 백치(바보)가 되고 말았을 것이다. 심장박동의 힘이 정맥까지 미치지 못하므로, 정맥에서의 혈액 이동은 정맥 주위 근육들의 수축과 이완에 의해서 이루어지기 때문이다. 따라서 잠을 잘 때에는 한 자세로

잠자는 숲속의 공주라도 한 자세로만 누워 자면 백치가 될 수 있다.

자지 말고, 몸을 이리저리 뒤척이면서 자야 한다. 실제로 모든 사람이 몸을 뒤척이면서 잠을 잔다.

동물들은 겨울 동안 활동하지 않고 '겨울잠'을 자는데, 이것은 추위와 먹이 부족에 적응하기 위한 생리현상이다. 그 가운데 다람쥐는 도토리나 밤 등의 먹이를 땅속에 묻어 두고, 추울 땐 잠을 자다가 기온이 조금 올라가면 깨어나 먹이를 먹으면서 겨울을 지낸다. 또 곰은 가을에 최대한 많은 양의 먹이를 섭취해서 몸에 지방 등의 영양분을 비축한 뒤, 겨울이 되면 따뜻한 동굴로 들어가서 움직이지 않는 상태로 에너지 소비를 최소화하며 겨울을 지낸다.

다람쥐나 곰 등의 정온동물들은 겨울잠을 가사상태로 자기 때문에 주위에서 소리가 나면 곧 깨어 경계를 하기도 한다. 그러나 뱀과 개구리 등의 변온동물들은 날씨가 따뜻해지는 봄까지 죽은 듯이 깊은 겨울잠을 잔다.

이와 달리 풀이 마르고 먹이가 없어지는 열대지방의 여름철에 '여름잠'을 자는 악어 같은 동물들도 있다. 그들은 겨울잠을 자는 동물들과 마찬가지로 호흡수와 맥박수가 극도로 적어지고, 체내에 비축한 지방을 천천히 소비하면서 여름잠을 잔다.

겨울잠을 자는 개구리, 뱀, 곰처럼 식물들도 추운 겨울에는 몸 안에 에너지를 담아놓고 겨울을 보내며 따뜻한 봄을 기다린다. 특히 낙엽활엽수는 가을에 잎을 모두 낙엽으로 지게 하여 다음해에 새로운 잎을 만들기 위한 에너지를 충분히 저장한다. 낙엽활엽수에게서 '욕심을 내지 않고, 자신에게 필요 없는 것을 버리는' 지혜를 엿볼 수 있다. '작은 것을 탐하다가 큰 것을 잃는다'는 의미의 소탐대실(小貪大失)이란 말이 있다. 만약 낙엽활엽수가 잎을 버리지 않고 지키려 한다면 겨울을 이겨내지 못한 채 죽고 말 것이다.

5. 세포에 산소와 영양분을 공급하는 혈액

혈관 속에 들어 있는 체액을 혈액이라고 하는데, 사람은 체중의 13분의 1 정도의 혈액을 가지고 있다. 혈액을 시험관에 넣고 항응고제(혈액의 응고를 억제시키는 물질) 처리를 하면 무거운 것은 아래로 가라앉고, 위에는 투명하고 노란 액체가 남는다. 위에 남은 액체는 혈액의 약 55퍼센트를 차지하는 혈장으로 90퍼센트 정도가 물로 이루어져 있다. 또한 아래에 가라앉은 무거운 것은 혈구라고 불리는데, 구조와 기능에 따라 적혈구, 백혈구, 혈소판으로 구분되며 모두 하나의 단세포들이다.

혈구 중 가장 많은 것은 적혈구로, 적혈구는 오목한 원반형이며 골수에서 생성되는 초기에는 핵을 가지고 있으나 성숙하면서 핵이 없어진다. 적혈구 안에는 산소를 운반하는 헤모글로빈이 들어 있는데, 헤모글로빈은 무기염류의 일종인 철(Fe)을 가지고 있다. 철이 산소와 만나면 붉은색으로 변하므로 산소를 운반하는 적혈구도 붉은색이고, 혈액도 붉은색을 띠게 되는 것이다. 만약 반찬을 골고루 먹지 않고 편식을 하면 필요량만큼의 철을 섭취하지 못하게 되고, 그 결과 헤모글로빈이 부족해진다. 결국 산소가 제대로 운반되지 못하여 세포호흡이 제대로 일어나지 못하고, 에너지(ATP) 발생이 적어

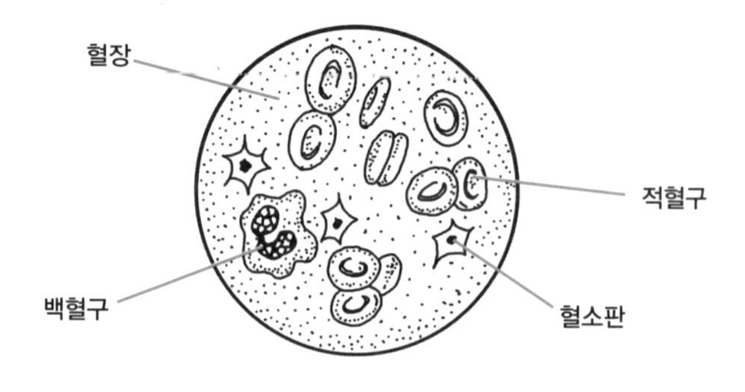

▮ 혈구의 구조

져서 빈혈이 생기게 된다.

백혈구는 중성백혈구, 산성백혈구, 염기성백혈구, 단핵구, 림프구 등으로 분류되는데, 이 중 중성백혈구가 전체의 60퍼센트를 차지하고 림프구가 30퍼센트를 차지한다. 백혈구는 외부에서 침입한 세균을 잡아먹는 식균작용으로 우리 몸을 질병으로부터 보호한다. 따라서 우리 몸에 세균이 침입하여 염증 등의 질환이 발생하면 백혈구가 가장 먼저 증가한다. 상처 부위가 곪는 것은 그곳으로 세균이 침입했기 때문인데, 이때 생기는 고름 속에는 파괴된 백혈구, 림프구, 조직세포는 물론 세균까지 섞여있다. 결국 고름은 우리 몸과 세균이 벌이는 전투의 흔적인 것이다.

백혈구의 일종인 림프구에는 T림프구와 B림프구 두 종류가 있다. T세포는 T림프구로 변하여 직접 또는 간접적으로 외부에서 침입한 세균 등을 공격한다. 또한 T세포는 세균에 대한 정보(특성)를 B림프구에게 알려 B림프구가 항체를 만들어서 세균을 무력화시키도록 한다. 에이즈(AIDS) 바이러스는 T세포에 기생번식하며 T세포를 죽임으로써 T림프구가 만들어지지 못하게 하고, 정보를 받지 못한 B림프구가 항체를 만들지 못하도록 함으로써 후천성면역결핍증을 일으킨다.

혈소판은 혈액응고 효소인 트롬보키나아제를 가지고 있으며, 혈액을 응고시켜주는 역할을 한다. 만약 상처가 난 부위의 혈액이 응고되지 않는다면, 혈액이 계속 유출되어 다량의 혈액을 잃을 뿐만 아니라 상처 부위를 통한 세균의 침입도 막을 수 없다. 혈액의 3분의 1 이상을 잃으면 혈압이 낮아지고 얼굴이 창백해지면서 의식을 잃는 출혈성 쇼크로 생명이 위험해진다. 혈우병은 혈액응고 효소인 트롬보키나아제를 만드는 유전자(DNA)의 이상으로 출혈이 잘 멎지 않는 유전병이다. 혈우병을 가진 사람들은 경미한 외상에도 쉽게 출혈하여, 사망하는 경우가 있다.

혈구(적혈구, 백혈구, 혈소판)는 골수(뼛속)에서 만들어진다. 혈액암인 백혈병에 걸리면 백혈구가 정상적으로 성숙하지 못하고 미성숙 단계에서 증식하여, 골수에서 혈구를 만드는 조혈모세포가 있어야 할 부위를 차지하게 된다. 그 결과 적혈구나 혈소판 감소에 따른 출혈, 정상 백혈구 감소로 인한 세균 감염 등의 증상이 나타난다. 또 골수에서 나온 암세포가 혈액을 따라 온몸으로 퍼져 다른 조직을 손상시킨다. 백혈병의 치료 방법으로 골수이식이 있는데, 이것은 혈구를 만들어낼 수 있는 골수 내 조혈모세포를 이식하는 방법이다.

혈장은 소장에서 흡수한 영양소, 세포의 생명활동 결과로 생긴 노폐물과 이산화탄소, 그리고 호르몬과 항체 등을 운반하는 역할을 한다. 또한 간이나 근육 등의 세포에서 발생한 체내의 열을 골고루 퍼지게 하여 체온을 일정하게 유지시킨다. 추울 때에는 근육 활동이나 세포의 호흡 작용이 증가하여 열 발생이 증가하는데, 이때 발생한 열은 혈장을 통해 온몸으로 전달되어 체온을 높인다. 반대로 더울 때에는 피부 가까이로 많은 혈액이 흘러 열을 몸 밖으로 방출함으로써 체온을 낮춘다. 혈장은 이 밖에도 혈당량, 삼투압, pH 등을 일정한 수준으로 유지함으로써 우리 몸의 항상성을 유지하는 데 큰 역할을 한다. 건강한 사람의 체온은 섭씨 36.5도이고, 삼투압은 NaCl 농도가 0.85퍼센트이며, 혈당량은 0.1퍼센트이고, pH는 7.4 정도이다.

이처럼 혈액은 몸 안의 혈관을 돌며 산소와 영양분을 공급하고 노폐물을 운반함으로써 우리의 생명활동을 가능하게 한다.

6. 잠시도 쉬지 않고 생명력을 불어넣는 심장

2세기 로마의 의사였던 갈레노스(Claudios Galenos)는 심장에서 혈액이 뿜어져 나온다는 사실을 알고, 심장이 계속 혈액을 만들어서 몸에 공급한다고 생각했다. 이러한 생각은 17세기 영국의 의사 윌리엄 하비(William Harvey)가 혈액이 순환한다는 사실을 밝힐 때까지 지속되었다.

심장은 우리가 생을 마칠 때까지 쉬지 않고 뛴다. 매일 총 길이 9만6000킬로미터에 이르는 혈관에 혈액을 펌프질하여 보내는 심장의 운동량을 계산하면, 3만 킬로그램의 무게를 높이 8000미터의 에베레스트 산 정상까지 밀어올리는 정도라고 한다. 심장박동에 의해 밀려 나간 혈액이 우리의 몸을 한 바퀴 도는 데 걸리는 시간은 약 1분 정도이다. 심장은 한 번 박동할 때마다 약 70밀리리터의 혈액을 내보내는데, 1분에 약 70회 박동을 한다. 따라서 심장은 1분 동안 4900밀리리터, 약 5리터 정도의 혈액을 밀어낸다. 심장은 하루 평균 약 10만 번 박동하며, 70세를 기준으로 평생 26억 번을 움직인다.

사람의 심장은 주먹만하며 무게는 300그램 정도다. 일반적으로 뼈에 붙어 있는 골격근은 가로무늬근이며 수의근(隨意筋: 우리 뜻대로 운동할 수 있는 근육)이고, 내장근은 민무늬근이며 불수의근(不隨意筋:

우리 뜻과는 상관없이 운동하는 근육)이다. 그런데 독특하게도 심장의 근육은 가로무늬근이며 불수의근이다. 가로무늬근은 강한 힘을 내는 데 반하여, 약간의 상처가 생겨도 잘 찢어진다. 심하게 운동을 하다가 근육이 파열되었다고 하는 것은 바로 골격근인 가로무늬근이 찢어졌다는 뜻이다. 따라서 심장도 상처가 생기면 근육이 쉽게 찢어진다. 전쟁에서 왼손으로 방패를 들었던 것은 심장을 보호하기 위한 행동이었던 것이다.

심장은 2심방 2심실의 구조로 되어 있다. 온몸을 돌아 온 혈액은 우심방으로 들어가서 우심실로 내려가며, 우심실에서 다시 허파를 통해 좌심방으로 들어간다. 그리고 좌심방에서 좌심실로 내려갔다가 좌심실에서 온몸으로 나간다. 심장은 혈액이 거꾸로 흐르지 않고 한쪽 방향으로만 흐르도록 판막(밸브)을 가지고 있다.

우심방과 우심실 사이에는 삼첨판, 좌심방과 좌심실 사이에는 이첨판, 우심실(좌심실)과 폐동맥(대동맥) 사이에는 반달판(반월판)이라는 네 개의 판막이 있다. 판막이 늘어나면 일단 나간 혈액이 도로 역류하는 상황이 벌어지고, 반대로 좁아지면 혈액이 정상적으로 나가지를 못한다. 현재 제 기능을 상실한 판막을 대신할 수 있는 여러 종류의 인공 판막이 개발되어 있으며, 세계적으로 연간 약 8만 건 이상의 판막 교환 수술이 시행되고 있다. 또 심하게 손상된 심장은 인공 심장으로 교체하기도 한다.

심장에서 나가는 혈관을 동맥이라 하고, 심장으로 들어가는 혈관을 정맥이라 하는데, 동맥과 정맥은 우리 몸의 각 조직에서 모세혈

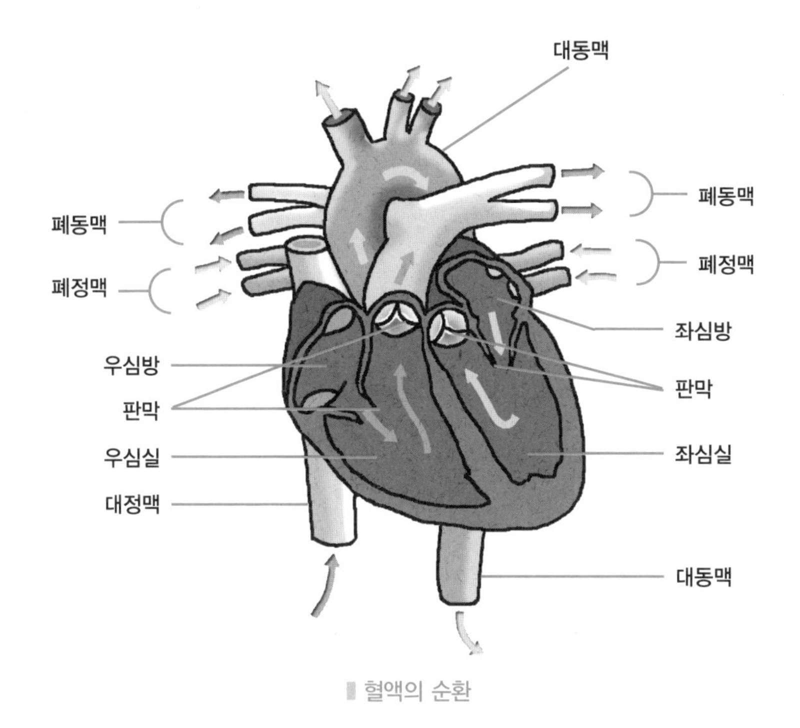

▮ 혈액의 순환

관으로 연결되어 있다. 동맥은 심실의 수축에 의해 밀려나오는 혈액의 압력에 견딜 수 있도록 두꺼운 탄력성 섬유층이 발달되어 있다. 동맥이 다치면 혈액의 높은 압력 때문에 피가 분수처럼 터지므로, 피부 안에 깊이 분포하면서 보호된다. 그러나 뼈와 뼈가 연결되는 부위에서는 피부 쪽으로 노출되는데 그곳에서 맥박이 감지된다.

반면에 정맥은 혈액의 압력이 낮아 혈관 벽이 얇으며, 혈액의 역류를 막기 위해 판막을 가지고 있다. 정맥은 다쳐도 혈액의 낮은 압력 때문에 피가 졸졸 나오며, 동맥보다는 덜 위험하므로 피부 근처에 분포한다. 온몸에 그물처럼 퍼져 동맥과 정맥을 연결하는 모세혈관은 지름 7~10마이크로미터(㎛, 100만 분의 1미터) 정도의 가느다란 혈관이다. 혈류 속도가 느리며, 혈액이 모세혈관을 흐르는 동안 혈액과 조직 사이에서 영양소, 노폐물, 산소, 이산화탄소 등의 교환이 효과적으로 이루어진다.

현재 심장과 혈관 질환은 대부분 동맥경화 때문에 발생한다. 동맥경화는 콜레스테롤 같은 지방 성분과 칼슘이 혈관에 침적되어 혈관의 안지름이 점차 좁아지고 단단하게 굳어져서 탄력성이 없어지는 현상이다. 동맥경화가 발생하면 동맥 쪽의 혈압은 상승하고, 심장이나 뇌 조직 등에는 혈액의 공급이 부족해진다. 심장 근육에 영양소와 산소를 공급하는 관상동맥이 경화되면 협심증과 심근경색증(심장마비) 등이 발생한다. 뇌동맥이 경화되어 막히면 뇌졸중이 생기며, 뇌에 영양소와 산소 공급이 제대로 되지 않아 뇌 세포가 손상되고, 또 뇌동맥의 혈압이 올라가서 약한 뇌혈관이 터지는 뇌출혈이 발생하면 사망하거나 중풍의 원인이 된다.

우리나라 성인의 사망 원인 1위가 심장질환과 혈관질환인 만큼 평소에 지방을 많이 섭취하지 않는 식생활 습관을 유지하고, 가벼운 운동을 꾸준히 하는 등 많은 노력을 기울여야 한다.

7. 아낌없이 주는 O형, 모든 걸 받는 AB형

19세기 말부터 수혈 경험 등을 통해 어떤 사람의 혈액에 다른 사람의 혈액을 혼합하면 혈액 덩어리가 만들어진다는 것을 알게 되었다. 이 현상은 오랫동안 류머티즘이나 결핵 등의 질환과 관련이 있는 것으로 잘못 알려져 있었는데, 1901년 오스트리아의 병리학자 카를 란트슈타이너(Karl Landsteiner)가 질병과 관계없이 건강한 사람에게서도 볼 수 있는 정상적인 화학반응이라는 것을 밝혔다. 혈액 덩어리를 만드는 이 현상을 응집반응이라고 하는데, 란트슈타이너는 1901년 사람의 혈액을 세 개의 혈액형으로 나눌 수 있으며, 각각 A형, B형, C형이라고 이름 붙인 특정한 응집소를 함유하고 있다는 사실을 발견했다. 그 뒤 응집소 C가 O로 바뀌었으며, 네번째인 AB형은 1902년에 발견되었다.

란트슈타이너는 모든 사람의 혈액은 이런 혈액형들 가운데 하나이며, 혈액의 응집은 질병의 작용 때문이 아니라 항원-항체에 의한 화학반응이라는 사실을 증명하였다. 이러한 발견은 의학계의 엄청난 호응을 받았는데, 1907년에는 환자와 공혈자의 혈액형을 검사하여 수혈적합 검사를 시행한 최초의 수혈이 이루어졌다. 마취법과 무균법에 이어서 외과수술을 보다 안전하게 뒷받침해주는 핵심적인 발전이었던 것이다. 란트슈타이너는 1927년 'MN식 혈액형'을 발견하였고, 1930년에 노벨상을 수상했다.

ABO식 혈액형에는 A형, B형, O형, AB형이 있다. 적혈구에는 항원으로 작용하는 응집원이 있는데, A형은 응집원 A만을, B형은 응집원 B만을, AB형은 응집원 A와 B를 둘 다 가지고 있고, O형은 응집원이 없다. 혈청에는 응집원에 대해 항체로 작용하는 응집소가 들어 있는데, A형은 응집소 β만을, B형은 응집소 α만을, O형은 응집소 α와 β를 둘 다 가지고 있고, AB형은 응집소가 없다. 응집원 A와 응집소 α가 만나거나 응집원 B와 응집소 β가 만나면 응집반응이 일어나기 때문에 A형 혈액을 B형인 사람에게, B형 혈액을 A형인 사람에게 수혈할 수 없다. AB형은 응집소가 없어서 다른 혈액형의 혈액을 수혈 받을 수 있지만 다른 혈액형에게 수혈할 수는 없다. 반대로 O형은 응집원이 없어서 다른 혈액형에게 수혈이 가능하지만 다른 혈액형의 혈액을 수혈받을 수는 없다.

MN식 혈액형은 M형, N형, MN형으로 분류된다. M형은 M응집원만을, N형은 N응집원만을, MN형은 M응집원과 N응집원 둘 다를 가지고 있다. 1947년 이후 M과 N 외에 S와 s의 두 응집원이 더 관여하고 있는 것이 밝혀짐으로써 현재는 아홉 종류로 분류되어 MNSs식 혈액형이라고 불리게 되었다. ABO식 혈액형의 경우와는 달리 혈청 가운데 응집원에 대응하는 응집소가 없기 때문에, 수혈 시에 고려할 필요가 없다.

그런데 ABO식 혈액형이 같은데도 수혈할 때 응집반응이 일어나

카를 란트슈타이너: 오스트리아의 병리학자로 사람의 혈액군에 관한 연구를 시작하여 ABO식 혈액형을 발견했고 수혈법을 확립했다. 1930년 혈액형에 관한 연구로 노벨생리의학상을 수상하였다.

서 사망하는 사건이 가끔 발생했다. 이것은 ABO식 혈액형 이외에 다른 혈액형이 있다는 것을 의미했고, 마침내 1940년 란트슈타이너는 Rh식 혈액형을 발견하였다. Rh라는 명칭은 붉은털원숭이(Rhesus monkey)의 이름에서 딴 것으로, 토끼에게 붉은털원숭이의 적혈구를 주사하면 토끼 혈청에 붉은털원숭이의 적혈구를 응집하는 응집소가 만들어지는데, 이 혈청을 항Rh혈청이라 한다.

이 혈청에 사람의 혈액을 섞었을 때, 응집이 일어나는 사람의 혈액에는 붉은털원숭이와 같은 항원인 Rh항원이 있으므로 Rh(+)형이라 하고, Rh항원이 없어서 응집이 일어나지 않는 사람의 혈액은 Rh(−)형이라 한다. 사람은 진화 및 유전적으로 원숭이와 유연관계(친척관계)가 가깝기 때문에, 대부분의 사람은 붉은털원숭이와 같은 항원인 Rh항원을 가지고 있다. 서양인은 약 85퍼센트 이상이 Rh(+)형이고, 한국인은 약 99퍼센트 이상이 Rh(+)형이다.

Rh(+)는 Rh(−)에 대해 우성이기 때문에 Rh(+)형인 남자와 Rh(−)형인 여자 사이에서 Rh(+)형인 태아가 생길 수 있다. 이런 경우 태반에 상처가 생겨 태아의 적혈구가 모체의 혈액에 들어가게 되면, 태아의 적혈구가 항원이 되어 모체에 항체가 형성된다. 이 항체가 태아의 혈관에 들어가 항원-항체 반응을 일으키면 태아의 적혈구를 파괴하고, 그 결과 태아는 심한 빈혈을 일으키는 적아세포증으로 생명을 잃게 된다. 두번째 아이를 임신했을 때 이런 경우가 특히 심하게 나타난다.

수혈 방법에는 직접법과 간접법이 있다. 직접법은 공혈자와 환자를 나란히 눕히고 특수펌프로 두 사람의 정맥을 연결하는 방법으로 신선한 혈액의 수혈에 이용되었으나 지금은 시행되지 않는다. 간접법은 항응고제가 들어 있는 보존액에 혈액을 채혈하여 섭씨 2~6도로 보관했다가 환자의 정맥 내에 주입하는 것으로 가장 일반적인 방법이다.

8. 산소를 나르는 일꾼, 헤모글로빈

사람의 조직세포에서 발생된 이산화탄소는 혈액 내 적혈구로 들어가서 물에 녹아 탄산이 되었다가 이온 분리된다($CO_2+H_2O \rightarrow H_2CO_3 \rightarrow H^++HCO3^-$). 이온 분리된 탄산음이온($HCO3^-$)이 적혈구를 빠져나와 혈장에 용해되어 운반되고, 폐 쪽으로 가면 탄산음이온이 다시 적혈구로 들어가서 반대 반응을 거쳐 이산화탄소가 되어 폐 밖으로 나간다($HCO3^-+H^+ \rightarrow H_2CO_3 \rightarrow CO_2+H_2O$). 따라서 이산화탄소를 주로 운반하는 것은 혈장이다. 일부분의 탄산음이온은 혈장에서 소금 성분인 나트륨양이온(Na^+)과 결합하여 탄산수소나트륨($NaHCO_3$) 상태로 운반되기도 한다.

이산화탄소가 물에 녹으면 탄산(H_2CO_3)이 되고, 수소양이온이 많아지면 산성화가 되어 pH가 내려간다. 따라서 이산화탄소 농도와 pH는 반비례 관계이다. 물에 탄산이나 탄산수소나트륨(중탄산소다)이 있으면 이산화탄소가 발생되는데, 사이다와 콜라 같은 탄산이 녹아 있는 음료에서 발생되는 기체도 이산화탄소이다. 또한 샴페인을 흔들어서 뚜껑을 터트리는 기체도 이산화탄소이다. 샴페인 속에도 탄산이 들어 있기 때문이다.

폐에서 혈액으로 넘어온 산소는 적혈구 속의 헤모글로빈(hemo-

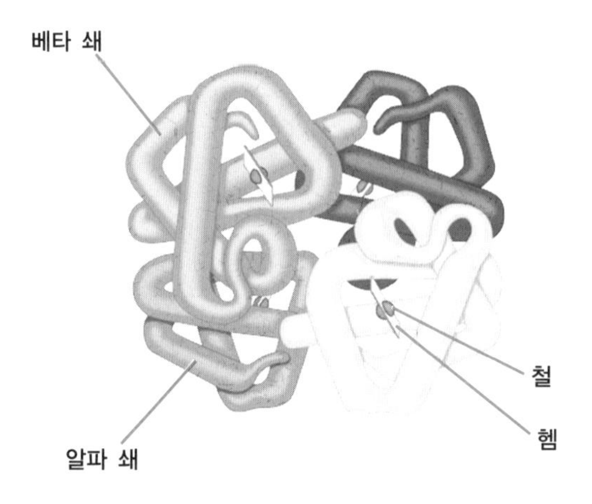

▮ 헤모글로빈의 구조

globin)에 의해 온 몸의 조직세포로 운반된다. 보통 헤모글로빈 1분자는 산소 4분자를 운반한다. 폐포에서 헤모글로빈과 산소가 결합하는 것을 포화반응이라 하고, 헤모글로빈에 결합되어 있던 산소가 조직세포 쪽으로 떨어지는 것을 해리반응이라 한다. 일반적으로 '포화도+해리도=100퍼센트'이며, 포화도와 해리도는 반비례 관계이다.

포화반응이 잘 일어나려면 당연히 산소가 많아야 하고 상대적으로 이산화탄소가 적어야 한다. 또한 pH가 높을수록 포화반응이 잘 일어나는데, 이산화탄소 농도와 pH가 반비례 관계이기 때문이다. 온도는 낮을수록 포화반응이 잘 일어난다. 폐에는 외부 공기가 드나들기 때문에 온도가 비교적 낮다. 차가운 계곡에 산소가 많이 녹아 있고, 온도가 높은 하류에는 적게 녹아 있는 것을 생각하면 쉽게 이해할 수 있다. 해리반응은 포화반응과 반대로, 산소가 적고 이산화탄소가 많으며 pH가 낮고 온도가 높을 때 잘 일어난다.

모체는 헤모글로빈에 결합되어 있는 산소를 태아에게 넘겨주기 때문에 태아보다 해리도가 높다. 반면에 태아는 모체에서 넘어오는 산소와 헤모글로빈이 결합하기 때문에 모체보다 포화도가 높다. 적혈구 속의 헤모글로빈은 산소를 운반하고 근육 속의 미오글로빈은 산소를 저장한다. 헤모글로빈이 미오글로빈에 산소를 넘겨주므로 헤모글로빈의 해리도가 비교적 미오글로빈보다 높고, 미오글로빈의 포화도가 헤모글로빈보다 비교적 높다.

사람이 고산지대로 올라가면 산소가 희박하여 포화도가 낮아지고, 산소가 많은 평지로 내려오면 포화도가 올라간다. 그러나 오랫동안 산소가 적은 고산지대에 살고 있는 동물들은 저지대에 살고 있는 동물들보다 포화도가 높게 적응하도록 진화했다. 따라서 산양이 들양보다 포화도가 높고, 네팔인이 네덜란드인보다 포화도가 높다.

등반가들은 보통 해발 3000미터 이상의 산악지대를 고산이라고 한다. 고도가 높아질수록 대기 중의 산소가 적어지기 때문에 산소마스크 없이 등반하는 일이 어려워진다. 산소가 적어지면 포화도가 낮아져서 조직세포에 공급되는 산소의 양이 줄어들기 때문이다. 해발 0미터에서 포화도는 97퍼센트 정도이며, 일상생활에서 동맥혈의 포화도가 60퍼센트 이하이면 인체에 필요한 산소가 부족해져 인공호흡 없이 생존하기 힘들다. 하지만 이러한 한계를 딛고 산소마스크 없이 해발 8848미터에 이르는 에베레스트 등정에 성공한 등반가들도 있다. 우리나라에서는 1993년 박영석 씨가 무산소 에베레스트 등정에 처음으로 성공하였다.

사람이 오랜 시간 고산지대에 노출되면, 스스로 고산지대에 적응하려는 생리적인 변화가 일어난다. 즉 호흡수와 헤모글로빈 증가, 폐활량와 모세혈관의 증가 같은 변화가 일어나 결국 조직세포의 산소 이용률을 높이는 방향으로 적응이 진행된다. 그러나 이러한 적응 반응은 천천히 진행되므로, 갑자기 고도가 높은 나라를 여행하거나 고산을 등반하게 되면 적응 불능 상태에 빠져 사망할 수도 있다.

보통 사람이 산소마스크 없이 물속에 머물 수 있는 시간은 1분을 넘기지 못하지만, 해녀들의 경우에는 최대 20미터까지 잠수하여 2~3분 정도 참을 수 있다고 한다. 현재 한 번의 호흡으로 잠수한 최고 깊이는 쿠바 태생의 피핀 페레라스(Pipin Ferreras)가 1995년에 세운 127미터로, 이때 소요된 시간은 2분 28초였다. 대부분의 사람들은 50~60미터 이하로 잠수할 경우 가슴이 찌그러져 생존하기 힘들지만, 피핀 같은 사람은 특별한 능력과 훈련을 통해 맥박을 1분에 18회까지 떨어뜨림으로써 깊은 곳까지 잠수가 가능했던 것이다.

9. 체내 환경을 일정하게 유지하는 호르몬의 비밀

사람은 변화하는 자연환경 속에 살고 있기 때문에 자연환경의 변화를 수용하고 판단하여 이에 적절하게 대응할 필요가 있다. 따라서 사람의 몸은 더우면 땀을 흘리고 추우면 몸을 떨어서 체온을 일정하게 유지한다. 이렇게 사람의 몸은 외부 자연환경이 변하더라도 내부의 체내 환경을 일정하게 유지하려는 항상성을 가지고 있다. 몸이 항상성을 유지하지 못할 때 사람들은 병을 앓게 되고 심하면 사망하기도 한다. 항상성을 유지하는 데 가장 중요한 역할을 하는 것이 바로 호르몬이다.

호르몬은 내분비선에서 생성되며 혈액이나 체액으로 직접 분비되고, 특정기관(표적기관)에만 작용하는 기관 특이성을 가지고 있다. 예를 들면 인슐린(호르몬)은 이자의 랑게르한스섬(내분비선)에서 생성되어 혈액을 통해 운반되다가 간(표적기관)에 가서 혈당을 내려주는 기능을 한다. 호르몬은 적은 양으로 생리작용을 조절하며, 과부족에 의한 과다증과 결핍증을 나타내기도 한다. 예를 들면 뇌하수체에서 생장호르몬이 지나치게 많이 만들어지면 거인증이 되고, 지나치게 적게 만들어지면 왜소증이 된다.

또한 호르몬은 척추동물 사이에 종 특이성이 없고 항원으로 작용하지 않는다. 따라서 예전에는 소의 이자에서 채취한 인슐린을 당뇨병 환자에게 혈관주사로 놓아 당뇨병을 치료하기도 하였다. 그러나 요즈음은 유전공학의 하나인 유전자 재조합기술로 인슐린을 대량 생산하여 당뇨병 치료에 사용하고 있다.

호르몬은 피드백 조절과 길항작용으로 우리 몸을 항상 일정하게 유지시켜준다. 한 호르몬(1차 호르몬)의 표적기관이 내분비선일 경우, 이곳에서 분비되는 호르몬(2차 호르몬)은 1차 호르몬의 생성을 억제하거나 촉진하여 체내의 호르몬 양을 일정하게 유지하도록 하는데, 이를 피드백 조절이라고 한다. 예를 들면, 간뇌의 TRH(갑상선자극 호르몬 방출 호르몬: 1차 호르몬)와 뇌하수체의 TSH(갑상선자극 호르몬: 1차 호르몬)가 많이 분비되어 갑상선에서 티록신(2차 호르몬)이 많이 분비되면, 많은 티록신이 혈액을 통해 운반되면서 간뇌와 뇌하수체로 피드백 되어 TRH와 TSH의 분비를 억제시킨다. 반대로 간뇌의 TRH와 뇌하수체의 TSH가 적게 분비되어 갑상선에서 티록신이 적게 분비되면, 적은 티록신이 혈액을 통해 운반되면서 간뇌와 뇌하수체로 피드백 되어 TRH와 TSH의 분비를 촉진시킨다.

이러한 피드백 조절은 갑상선의 티록신뿐만 아니라 뇌하수체→ACTH(부신피질자극호르몬)→부신피질→무기질코르티코이드와 당질코르티코이드, 뇌하수체→FSH(여포자극호르몬)→난소 내 여포→에스트로겐, 뇌하수체→LH(황체형성호르몬)→난소 내 황체→프로게스테론에서도 나타난다.

여기서 티록신은 물질대사의 이화작용인 세포호흡을 촉진시켜

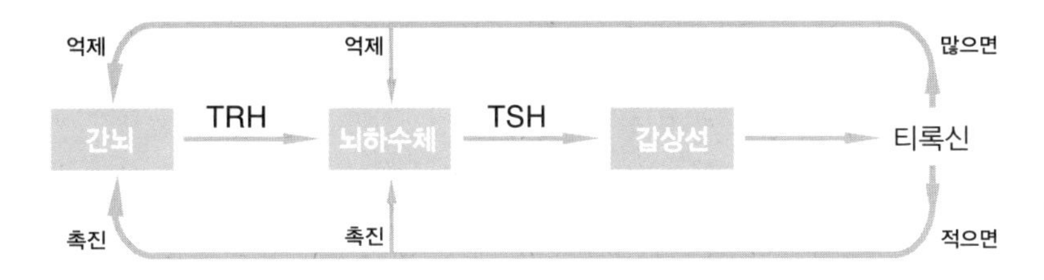

▮ 호르몬의 피드백 조절 모식도

주고, 무기질코르티코이드는 신장에서 Na^+ 재흡수 및 K^+ 분비를 촉진시켜준다. 또한 당질코르티코이드는 단백질과 지방을 포도당으로 전환시켜 혈당량을 올려주고, 에스트로겐은 여성의 2차 성징을 발현시켜주며, 프로게스테론은 배란을 억제시키는 기능을 한다.

표적기관이 같고 작용이 반대인 둘 이상의 호르몬 가운데 한 호르몬이 특정한 기능을 촉진하면, 다른 호르몬이 이를 억제하는 작용을 하여 항상성을 유지하는데 이것을 길항작용이라고 한다. 예를 들면, 이자의 랑게르한스섬 β세포에서 분비되는 인슐린은 간에서 포도당을 글리코겐으로 합성하도록 하여 혈당량을 감소시킨다. 반면에 이자의 랑게르한스섬 α세포에서 분비되는 글루카곤과 부신수질에서 분비되는 아드레날린은 간에 저장되어 있는 글리코겐을 포도당으로 전환시켜 혈당량을 증가시킨다.

길항작용은 갑상선에서 분비되는 칼시토닌의 혈액 내 칼슘 농도 감소 기능과 부갑상선에서 분비되는 파라토르몬의 혈액 내 칼슘 농도 증가 기능에서도 나타난다. 또한 자율신경인 교감신경과 부교감신경 사이에서도 나타나는데, 교감신경은 흥분 상태를 유지하려고 하고, 부교감신경은 안정 상태를 유지하려고 한다. 마치 성적이 떨어지거나 어떤 잘못을 하였을 때, 엄마가 야단치면 아빠가 달래주고 아빠가 야단치면 엄마가 달래주면서 자녀의 감성과 감정을 일정하게 조절해주는 것과 같다.

동물들만이 아니라 식물도 호르몬을 가지고 있다. 옥신(auxin), 지베렐린(gibberellin), 시토키닌(cytokinin) 등은 생장호르몬으로서 식물의 필요한 부위를 제때에 생장시켜준다. 줄기 끝의 분열조직에서 만들어지는 옥신은 식물체의 아래 조직으로 내려가면서 생장을 촉진시킨다. 플로리겐(florigen)은 식물의 개화호르몬으로, 잎에서 생성된 플로리겐은 체관을 통해 꽃눈 형성 부위로 이동하면서 계절에 맞추어 꽃을 피운다. 사회가 윤리, 도덕, 법 등에 의해 조절되며 사회적 항상성을 유지하듯이, 생물들은 호르몬에 의해 조절되며 생체적 항상성을 유지하는 것이다.

10. 산소를 들이마시고 이산화탄소를 배출하는 허파

학생들에게 "모든 생물에게 공통적인 생명의 특징이 무엇이냐?"고 물으면, 생명은 목숨이라고 답하는 학생들이 의외로 많다. 이 답변이 반드시 틀린 것은 아니다. 왜냐하면 미생물, 식물, 동물 모두 호흡을 통해 몸속에 산소를 공급해야만 모든 기관이 제 기능을 발휘할 수 있기 때문이다. 그렇기 때문에 생명활동이 멈춘 '죽음'을 나타내는 말로, '숨지다' 또는 '숨을 거두다'라는 표현을 쓰기도 한다. 목숨이라는 말도 같은 맥락의 표현이다. 목을 통해서 숨을 쉬느냐 그렇지 않느냐는 기준에 의해 생명과 죽음이 갈라진다고 보기 때문이다. 생명활동과 직결되는 중요한 기관으로 뇌와 심장, 허파가 있다. 뇌의 기능이 멈추면 뇌사(腦死)이고, 심장의 기능이 멈추면 심장사(心臟死)이며, 호흡 기능이 멈추면 호흡사(呼吸死)이다. 따라서 일반적으로 목숨이 멈췄다고 하는 것은 호흡사를 의미하는 것이다.

사람은 허파 운동으로 산소를 받아들이고 이산화탄소를 내보낸다. 혈액 속의 적혈구는 허파에서 산소를 받아 몸 구석구석의 모든 세포에 운반하고, 혈액 속의 액체 성분인 혈장은 몸 구석구석의 모든 세포에서 나오는 이산화탄소를 받아 허파로 운반한다. 모든 세포들은 운반되어 온 산소를 이용하여 포도당 같은 영양소를 산화시켜서

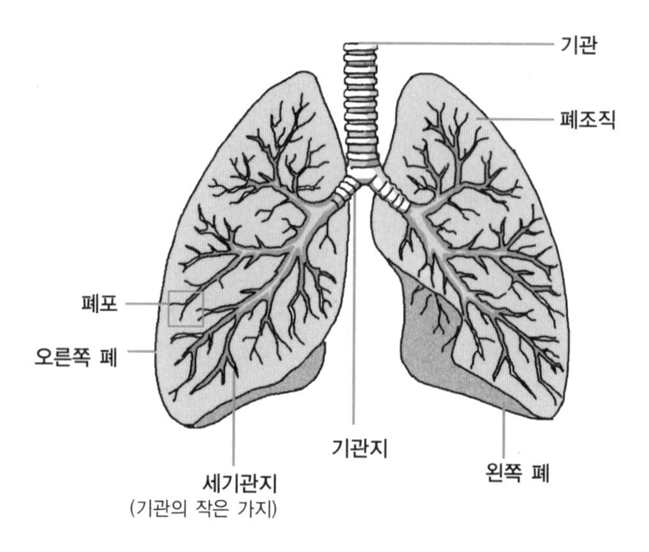

폐의 구조

에너지를 만드는데, 이때 이산화탄소를 발생시킨다. 세포들은 자기가 만든 에너지를 이용하여 생명활동을 수행한다. 따라서 호흡의 시작은 허파운동이고, 호흡의 끝은 세포들에 의한 에너지 생성이라고 볼 수 있다.

허파는 근육으로 구성되어 있지 않기 때문에 스스로 운동을 하지 못하고, 주위의 갈비뼈(늑골)와 가로막(횡격막)의 운동에 의해 부풀었다가 쭈그러들면서 공기를 받아들이고 내보낸다. 갈비뼈 사이사이의 근육(늑간근)이 수축하여 갈비뼈를 위로 올리면 동시에 가로막이 아래로 처지면서 흉강(가슴 안의 공간)이 넓어진다. 흉강이 넓어지면 기압이 낮아지고 허파 밖에 있던 높은 기압의 공기가 허파로 밀려들어오면서 허파가 확장된다. 반대로 늑간근이 이완하여 갈비뼈를 아래로 내리고 동시에 가로막이 위로 볼록해지면 흉강이 좁아진다. 흉강이 좁아지면 기압이 높아지고, 허파 안에 있는 높은 기압의 공기가 몸 밖으로 밀려나가면서 허파가 축소된다.

가로막은 흉강과 복강(소장과 대장 등이 들어 있는 공간)을 가로로 격리시켜주는 근육질의 막이다. 돼지의 가로막 근육살을 '갈매기살'이라고 하는데, 이것은 '가로막→가로막이→가로맥이→가로매기→갈매기'로 용어가 변하였기 때문이다. 또한 소의 가로막 근육살은 '안창살(안창고기)'이라고 하는데, 소의 가로막 근육살이 안창(신발 안쪽에 까는 얇은 가죽이나 헝겊)처럼 생겼다고 하여 이렇게 부른다.

성경에서는 하나님께서 아담의 갈비뼈로 이브를 만들었기 때문에 남녀의 갈비뼈 수가 다르다고 하지만, 실제로는 남녀 모두 12쌍의 갈비뼈를 가지고 있다. 늑골(肋骨)이라고도 불리는 갈비뼈는 가슴등뼈(흉추)와 가슴뼈(흉골)를 결합해서 가슴부위(흉곽)를 만드는 활 모양의 뼈를 가르킨다. 갈비뼈 안쪽 흉추의 몸통을 따라 길게 붙어 있는 띠 모양의 근육인 제비추리는 근육을 손으로 잡아 추려서 떼어낸 데서 유래된 말이다. 갈비뼈 안쪽에 붙은 근육은 토시살이라고 하는데, 한복을 입을 때 추위를 막기 위해 팔뚝에 끼던 토시 모양을 하고 있어서 생긴 말이다. 일반적으로 소의 갈비뼈 사이에 있는 늑간근은 소갈비살이라고 한다.

사람이 허파로 한 번에 호흡하는 공기의 양은 약 0.5~1리터이며, 하루에 약 1만 리터 정도를 호흡한다. 위쪽이 뾰족한 고깔 모양으로 스펀지처럼 탄력이 있는 허파는 심장을 중심으로 좌우에 한 개씩 있는데, 부피는 오른쪽 허파가 55퍼센트, 왼쪽 허파가 45퍼센트로 오른쪽 허파가 10퍼센트쯤 크다. 태아의 허파는 임신 32주가 되면 성인과 비슷하게 성장하지만, 허파 끝에 있는 포도송이 모양의 폐포(肺胞)는 대부분 태어난 후 2년 동안 만들어진다.

폐포는 직경이 2~3밀리미터이고 3~5억 개쯤 된다. 허파 안에 들어온 공기 속의 산소는 폐포를 포도껍질 모양으로 둘러싸고 있는 혈관에서 이산화탄소와 교환된다. 폐포의 기체 교환 기능은 매우 정밀하게 이뤄지지만, '필터작용'은 완벽하지 못하다. 따라서 호흡할 때 외부의 불필요한 물질이 폐 속으로 들어가지 못하도록 코와 기관지에 붙어 있는 끈끈한 점막이 그 물질들을 달라붙도록 한다. 이 불필요한 물질 가운데 기관지 안의 섬모운동에 의해 밖으로 배출된 것이 가래이고, 코에 말라붙은 것이 코딱지이다.

11. 외부환경에 반응하는 인간의 감각기관

눈, 귀, 코, 혀, 피부 등의 감각기에서 수용된 자극의 정보는 감각신경을 통해 중추(뇌/척수)에 전달되고, 중추에서 나오는 명령은 운동신경을 통해 운동기(근육)로 전달되어 반응을 일으킨다. 아래 그림에서처럼 달려드는 개와 뛰어가는 사람의 경우 모두 자극과 반응이 관여한 것이다.

고양이는 희미한 빛을 최대한 감지하기 위해 망막 뒤에 거울과 같은 반사막을 가지고 있는데, 이 막은 망막이 흡수하지 못한 빛을

▮ 자극과 반응

다시 흡수한다. 이 두번째 막에서 흡수하지 못하고 반사하는 빛 때문에 어둠 속 고양이의 눈이 빛난다. 다시 말해 고양이는 눈에 들어온 어둠 속의 희미한 빛을 두 번 사용해 눈의 초점을 높임으로써 그만큼 어두운 곳에서도 잘 볼 수 있는 것이다. 하지만 고양이는 청색, 녹색, 황색 정도밖에 구분하지 못한다. 망막에는 명암을 구별하는 간상세포와 색을 구별하는 원추세포가 있는데, 고양이의 경우에는 색 세포를 줄이고 명암 쪽 세포를 증가시켜 간상세포가 원추세포보다 잘 발달되어 있다. 어둠 속 사냥에서는 색 구별이 필요 없기 때문이다.

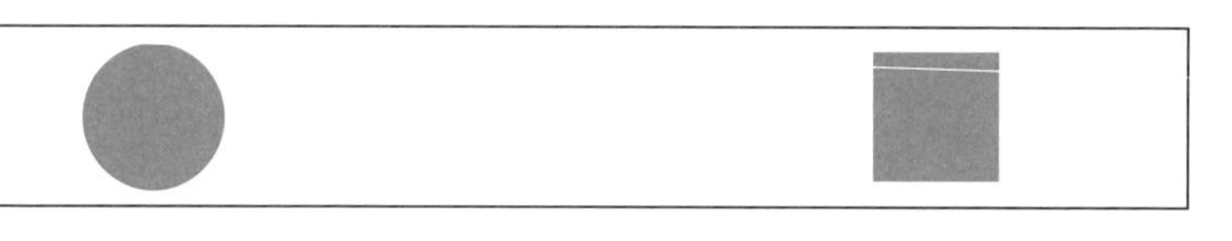

위의 그림 앞에서 똑바로 왼쪽 눈을 감고 오른쪽 눈으로 ●를 응시하면 ■이 보인다(A). 거리를 좀 더 가까이하면 ■이 사라지고 (B), 더욱더 거리를 가까이 하면 다시 ■이 보인다(C). 시세포는 망막 전체에 분포되어 있으며, 특히 망막의 중심에 있는 황반에 밀집되어 있는데, 시신경이 빠져나가는 곳에 시세포가 없는 부분을 맹점이라고 한다. 따라서 상이 맹점에 맺히면 보이지 않는다. 위 그림에서 ●와 ■ 사이의 거리는 일정하다. 그런데 눈 가까이로 이동하면 그 사이의 각도가 커지면서 ■의 상이 망막의 맹점에 맺히게 된다. (A)는 ■의 상이 맹점 코 쪽에 맺힌 경우이고, (B)는 맹점에 맺힌 경우이며, (C)는 황반에 맺힌 경우이다. 그러므로 맹점은 눈 중심 황반에서 코 쪽에 위치한다고 볼 수 있다.

귀는 외이, 중이, 내이의 세 부분으로 구분된다. 외이의 귓바퀴에서 모아진 음파가 외이도를 통과하여 외이와 중이의 경계를 이루고 있는 고막을 진동시킨다. 고막의 진동이 중이를 통과하면서 청소골에서 망치뼈, 모루뼈, 등자뼈의 지렛대 작용으로 증폭되어 내이로 전달된다. 내이로 전달된 진동은 달팽이관에서 림프액의 진동으로 변화되어 청세포를 자극한다. 그리고 청세포에서의 자극이 청신경을 통해 대뇌로 전달되어 소리가 성립된다.

그런데 자신의 목소리를 직접 듣는 경우에는 귀로 들어온 음파에 의한 고막의 진동 외에, 말을 할 때 울리는 두개골의 진동을 동시에 듣게 된다. 이와 달리 녹음된 목소리를 듣는 경우에는, 두개골의 진동 없이 단지 귀로 들어오는 목소리의 음파에 의한 고막의 진동만을 듣게 된다. 그래서 녹음된 자기 목소리를 들으면 낯설게 느껴지는 것이다. 우리가 가수나 아나운서, 성우의 목소리를 듣는 것은, 그들의 목소리를 다만 고막의 진동으로만 듣는 것이다. 따라서 가수나 아나운서, 성우 등의 직업을 희망한다면, 반드시 자기 목소리를 녹음하여 들어볼 필요가 있다.

귀의 내이에 있는 전정기관과 반고리관에서는 몸의 기울어진 상태라든지 움직이는 현상을 감지해 몸의 평형을 유지하도록 한다. 흔들리는 자동차 안에서 책을 보다보면 멀미를 더 느끼는 경우가 있다. 이는 전정기관과 반고리관에서 몸이 움직이고 있다는 자극 신호를 뇌에 보내는 반면, 신문을 보고 있는 눈은 움직이지 않고 있다는 자극 정보를 뇌에 보내, 뇌가 서로 상반된 정보를 혼동함으로써 멀미를

하게 되는 것이다. 따라서 자동차에서는 창 밖 풍경을 바라보는 것이 멀미 방지에 도움이 된다.

사람들은 봄에서 여름으로 변하는 더운 계절 변화보다는 가을에서 겨울로 변하는 추운 계절 변화를 더 절실하게 느낀다. 그 이유는 사람의 피부에 온점보다 냉점이 더 많이 분포하기 때문이다. 사람 피부의 감각점은 통점〉압점〉촉점〉냉점〉온점 순으로 많이 분포한다. 흔히 음식의 맛을 단맛, 쓴맛, 짠맛, 신맛의 네 가지로 분류하는데, 매운맛은 미각이 아니라 혀 피부의 통점에 의한 통증이다.

사람의 후각은 곤충이나 동물을 따르지 못하지만 필요한 만큼의 냄새를 맡을 수 있다. 냄새와 맛은 둘 다 화학적 감각으로, 미세한 분자에 의해서 자극을 받는다. 이 두 감각은 밀접하게 연관되어 있으며, 후각은 미각에 비해 약 1만 배 이상 민감하다. 음식의 맛은 혀에 의한 미각과 코에 의한 후각의 종합작품으로, 식은 음식과 따뜻한 음식은 액체에 의한 미각 자극 정도와 기체에 의한 후각 자극 정도가 다르기 때문에 맛이 다르게 느껴진다. 감기에 걸렸다든지 하여 코의 후각 기능이 약화되면, 맛을 찾아내는 능력의 80퍼센트를 잃어버리게 된다. 그렇기 때문에 감기에 걸리면 음식의 맛을 잃게 되는 것이다.

감각기에서 반응이 일어날 수 있는 최소한의 자극 세기를 역치라고 한다. 단일 신경섬유처럼 단세포인 경우에는 역치 미만의 자극에서는 반응이 없고, 역치 이상의 자극에서만 일정한 크기의 반응이 일어나는데 이를 '실무율의 법칙(all or none law)' 이라 한다.

음식점에 들어가면 처음에는 냄새를 느낄 수 있으나 시간이 지나면 더 이상 냄새를 느낄 수 없다. 냄새 자극이 계속 주어지면 그 냄새 자극 이상으로 역치가 높아져서 더 이상 냄새를 느낄 수 없기 때문이다. 이렇게 자극이 계속 주어질 때 역치가 높아지는 현상을 감각의 순응 또는 감각기가 피로해졌다고 한다. 만약 음식점을 하는 분들의 후각기(코)에서 감각의 순응이 일어나지 않는다면, 냄새 때문에 사업을 계속할 수 없을 것이다.

12. 매운맛은 통증이다

사람 중에는 혀를 U자 형으로 둥글게 말아서 내밀 수 있는 사람과 혀를 둥글게 말지 못하고 수평으로 내미는 사람이 있다. 이러한 형질은 유전에 의하여 결정되는데, 혀를 말 수 있는 형질이 우성이다. 혀 말기가 안 된다고 실망할 필요는 없다. 그것은 생활을 하는 데 아무런 지장이 없는 보통의 평범한 형질이기 때문이다.

혀 자체를 구성하는 근육을 내설근이라 하고, 두개골에서 나와 혀와 연결된 근육을 외설근이라 한다. 내설근은 혀의 섬세한 운동에 도움을 주고, 외설근은 혀의 돌출, 후퇴, 굴곡 등의 운동을 관장한다. 혀는 내설근과 외설근의 작용으로 여러 방향으로 자유롭게 움직이면서 음식물을 받아들이거나 섞는다. 혓바닥은 가늘고 작은 돌기인 유두가 많이 분포하고 있어서 그 느낌이 까슬까슬하다. 그리고 유두의 상피 내에 있는 미뢰(taste bud)가 맛을 느끼게 한다.

혀의 점막에는 설선이라고 하는 작은 샘이 있는데, 이곳에서 분비되는 액체가 혀의 표면을 끊임없이 적시고 있기 때문에 건강한 사람의 혀는 윤이 나며 촉촉하다. 그러나 과로와 스트레스가 쌓이거나 영양이 부족하게 되면 단골손님처럼 혓바늘이 찾아온다. 혓바늘은 유두에 염증이 생긴 것으로 염증 부위가 노란색으로 변하고 상당히

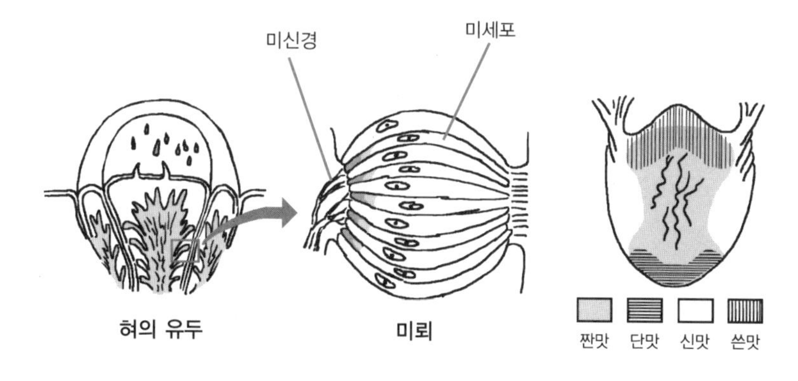

▮ 혀의 구조

힘든 통증이 유발된다. 영양부족에 의한 혓바늘의 경우에는 과일이나 채소를 섭취하여 비타민 A와 C를 공급해주면 좋다.

안면신경은 입, 눈, 코 주위의 얼굴 근육뿐만 아니라 혀의 미각과 침샘, 눈물샘, 콧물샘의 분비를 조절한다. 우리가 맛있는 음식을 먹을 때 혀 밑에 침이 고이고 기분 좋은 표정이 나타나는 것도 안면신경의 작용 때문이다. 음식이 대단히 맛이 좋으면 눈물 콧물까지 나온다. 그런데 맛없는 음식을 먹으면, 숨기려고 해도 안면신경이 얼굴 근육에 작용하기 때문에 얼굴을 찡그리게 된다.

혀와 언어는 불가분의 관계에 있다. 그리스어 glssa, 라틴어 lingua, 영어 tongue, 독일어 Zunge 등에는 '혀'와 '언어'라는 두 가지 뜻이 있고, 또한 '혀(가) 꼬부라지다', '혀가 (잘) 돌아가다', '혀가 짧다', '혀를 굴리다', '혀를 놀리다' 등의 표현에서도 혀와 언어의 관계를 쉽게 알 수 있다.

사람의 혀는 감정을 표현하는 수단이 되기도 한다. 예컨대 대부분의 민족은 상대를 우롱하거나 경멸하는 표시로 혀를 입 밖으로 내민다. 다만 티베트에서는 존경의 인사이고, 뉴질랜드의 마오리족에게는 환영의 표시이다. 우리나라에서는 대부분의 사람들이 민망할 때 자기도 모르게 혀를 내민다. 한편 더운 여름철에 개가 혀를 내밀며 헐떡이는 것은 혀를 통하여 몸속의 열을 발산하는 것이다. 개에게는 땀샘이 없기 때문이다.

벌겋게 고추장 범벅이 된 무교동 낙지볶음을 먹다보면 입안의 혀와 피부가 얼얼해지고 뜨거워지며 어느새 얼굴에선 굵은 땀방울이 줄줄 흘러내린다. 운동을 심하게 한 것도 아니고, 음식이 뜨겁지도 않은데 멈추지 않고 계속 땀이 흘러내리는 이유는 무엇일까?

혀는 단맛, 신맛, 짠맛, 쓴맛만을 느낀다. 우리가 매운맛이라고 느끼는 것은 혀와 입 속의 피부에 있는 통각세포가 감지하는 통증이다. 아주 매운 고추 음식을 먹으면 처음엔 따갑다가 조금 있으면 입안이 얼얼해진다. 이는 통각세포가 통각을 두 단계에 걸쳐 대뇌에 전달하기 때문이다. 즉 매운맛(통증)을 느끼자마자 위급한 상황에 대한 경보를 순식간에 대뇌로 보내고, 그 뒤에 자연통각이라 해서 얼얼해지는 것이다.

또한 통증이 강해지면서 입 속의 혈관이 확장되어 갑자기 많은 혈액이 밀려오기 때문에 뜨겁다고 느끼게 된다. 이러한 현상은 입안뿐만 아니라 살갗에서도 마찬가지다. 고추나 마늘 같은 것을 짓이겨서 살갗에 묻혀보면 그 부분이 뜨거워지고 심하면 부어오르기까지

한다. 이렇게 매운 것을 먹어서 너무 괴로울 때는 즉시 입안에 찬물을 머금으면 매운맛(통증)이 가라앉는다.

13. 매우 정교하고 활발하게 움직이는 뇌의 세계

우리 몸을 구성하고 있는 신경세포가 집합하여 중심부를 형성하고 있는 부분을 중추신경이라 한다. 중추신경은 뇌와 척수로 구분되는데, 뇌는 두개골에 의해 보호되고, 척수는 척추에 의해 보호된다. 중추신경에서 몸속 구석구석까지 뻗어나가 있는 말초신경은, 감각기(눈, 귀, 코, 혀, 피부 등)에서 뇌와 척수로 감각정보를 전달해주는 감각신경과 뇌와 척수에서 운동기(내장근, 골격근 등)로 운동명령을 전달해주는 운동신경으로 구분된다. 감각신경은 척수의 등 쪽에 있는 후근으로 들어가고, 배 쪽에 있는 전근으로 운동신경이 나온다. '위로 먹고 옆으로 싸는 것은 무엇인가?' 라는 수수께끼의 정답은 맷돌인데, '뒤로 먹고 앞으로 싸는 것은 무엇인가?' 라는 수수께끼의 정답은 척수의 감각신경과 운동신경으로 비유될 수 있다.

척수와 함께 중추신경을 이루며 온몸의 신경을 지배하는 뇌는 대뇌, 간뇌, 중뇌, 연수, 소뇌로 구분된다. 이 가운데 기억과 판단 등의 고등정신 기능을 담당하는 부분은 대뇌의 피질(껍질)이다. 대뇌피질은 신(新)피질, 구(舊)피질, 고(古)피질의 세 종류가 있는데, 신피질이 고등정신 기능을 담당하고, 구피질과 고피질은 인간이 진화하기 이전의 원초적인 행동을 담당한다. 따라서 대뇌피질(특히 신피질)이 많이 발달되어 있을수록 고등한 동물이다. 사람의 두개골에는 한정된 공간 속에 차곡차곡 주름 잡힌 대뇌피질이 많이 들어 있다. 술에 취했을 때 나타나는 비상식적인 행동은, 술의 성분인 알코올에 의해 신피질의 기능이 저하되고, 대신 고피질과 구피질의 기능이 강화되기 때문이다. 소뇌는 우리 몸의 평형과 운동을 담당하는 뇌이고 간뇌, 중뇌, 연수를 합하여 뇌간이라고 하는데, 이는 항상성, 호흡운동, 심장박동 등의 생명활동을 수행한다.

뇌의 작용은 매우 활발하고 정교하며, 물질대사도 신체의 어떤 부분보다 왕성하다. 성인의 뇌 무게는 몸무게의 2.5퍼센트밖에 안 되지만 뇌에 흐르는 혈액량은 전체 혈액의 15퍼센트에 이른다. 뇌활동에 필요한 에너지는 포도당으로부터 공급되는데, 포도당은 체내에서 탄수화물 식품을 소화, 흡수해 얻는다. 즉 신경세포의 활동에 필요한 단백질이나 지방을 신경세포 자체가 포도당으로부터 합성하고 있는 것이다.

따라서 물질이나 약으로 뇌의 기능을 좋게 하는 방법은 없다. 다만 뇌의 기능은 사용할수록 계발되므로 열심히 공부하고 운동하는 것이 뇌의 기능을 발달시키는 유일한 방법이다. 우리나라 사람들은 어려서부터 젓가락을 사용하는 음식문화 덕분에 뇌의 기능이 많이 발달한다고 한다. 실제로 우리나라 사람들의 IQ평균은 세계 2위이고, 인구비례에 따른 외국 유학비율은 세계 1위이다.

뇌와 척수의 무게 비율은 어류가 100/100, 닭이 100/51, 말이 100/40, 고릴라가 100/6, 사람이 100/2로서 고등할수록 뇌의 비율이 높아진다. 갓난아기의 뇌 무게는 400그램 정도이지만 성인의 뇌 무게는 남자가 1400그램, 여자가 1250그램 정도 된다. 뇌의 무게는 거의 키와 비례하지만, 지능이나 성격과는 직접적인 관계가 없다. 왼쪽, 오른쪽 뇌로 구분되는 뇌는 흔히 호두로 비유되는데, 호두껍질은 두개골에, 호두 알맹이는 뇌에 비유된다.

대부분의 사람들은 밥을 먹거나 글씨를 쓰거나 일을 할 때 주로 오른손을 사용한다. 왼손을 사용하는 사람은 전 인류의 약 10퍼센트 정도로 추정된다. 어떤 손을 사용하는가에 따라 뇌가 발달하는 방향이 달라지는데, 사람의 뇌는 사용하는 손과 반대로 발달한다. 즉 오른손잡이의 경우에는 왼쪽 뇌가 발달하고, 왼손잡이의 경우에는 오른쪽 뇌가 발달된다. 따라서 보통 열 명 중 아홉 명의 사람은 왼쪽 뇌가 발달하고, 한 명은 오른쪽 뇌가 발달하는 것이다.

역사적으로 볼 때 아리스토텔레스, 알렉산더 대왕, 레오나르도 다빈치, 모차르트, 나폴레옹, 처칠, 슈바이처 등이 왼손잡이였다고 전해진다. 오른손잡이들이 오른손만을 사용하는 데 비해서 왼손잡이들 중에는 양손을 사용하는 사람들이 많다. 양손을 사용하면 오른쪽 뇌와 왼쪽 뇌가 골고루 발달된다. 따라서 오른쪽과 왼쪽의 뇌가 균형 있게 발달한 왼손잡이들 중에서 유명인이 나올 수 있다. 그러나 대부분의 사람들이 오른손잡이이기 때문에 유명인들 또한 오른손잡이가 많다.

소의 전염성 뇌질환인 광우병의 과학적 병명은 '소의 해면양(스펀지 모양) 뇌병증'이다. 광우병으로 죽은 소의 뇌를 현미경으로 보면, 대뇌와 소뇌의 조직이 스펀지처럼 구멍이 숭숭 뚫려 있어 이런 병명이 붙게 되었는데, 광우병에 걸린 소는 갑자기 아무 데나 들이받고, 잘 걷거나 서 있지 못하며, 근육이 위축되어 죽게 된다. 광우병의 원인으로 가장 유력한 물질은 프리온(prion)이다. 프리온은 핵산(DNA/RNA)을 포함하지 않는 단백질로 정상적인 동물이나 사람의 뇌에 존재하는데 이를 PrP라고 한다. 그런데 광우병에 걸린 소의 뇌에서는 PrP가 변형된 형태인 PrP-sc가 발견된다.

이 변형된 프리온을 먹으면, PrP-sc가 내장의 림프선을 따라 지라(비장)에 모였다가 지라에 있는 말초신경을 타고 척수를 통해 뇌로 들어간다. 그리고는 이 변형된 프리온이 뇌에 들어가 뇌 속의 정상적인 프리온을 변형시키고, 변형된 단백질들이 엉겨 붙어서 세포 내의 정상적인 물질대사를 방해함으로써 세포를 죽게 만든다. 변형된 프리온은 생존력이 매우 강해서 매몰된 사체 조직 내에서도 1년 이상 생존이 가능하고, 열이나 자외선 또는 일반 소독제에도 강한 내성을 보이는 것으로 드러났다.

이처럼 뇌의 손상은 사람뿐만 아니라 동물에게도 치명적이다. 그러므로 인간에게 있어서 뇌의 중요성은 아무리 강조해도 지나침이 없을 것이다. 최근에는 많은 과학자들이 뇌의 신비를 밝히기 위해 노력하고 있고, 일반인들 또한 두뇌계발 등과 관련된 뇌과학에 관심이 높아지고 있다. 한편 현대인들의 생활필수품인 컴퓨터나 휴대전화 등에서 나오는 전자파가 뇌세포를 파괴한다는 우려의 목소리도 높다. 실제로 스웨덴의 한 연구기관이 휴대전화에서 발생하는 전자파를 매일 두 시간씩 50일 동안 쥐에게 노출한 결과 뇌세포가 파괴되었다는 보고를 하였다. 매일 두 시간씩 계속 통화하는 경우는 드물기 때문에 이 실험결과를 일반화하기는 어렵지만, 가능한 한 뇌에 영향을 줄 수 있는 휴대전화나 컴퓨터 등의 사용은 줄이는 것이 바람직해 보인다.

14. 웃기는 가스로 시작된 마취의 역사

우리 몸에서 손톱과 발톱, 이빨과 털을 제외하고 바늘로 찔러서 통증을 느끼지 못하는 부위가 있을까? 우리 몸의 감각점 중에는 통점(痛點)이 가장 많다. 감각신경의 끝이 통점이기 때문이다. 만약에 통점이 없거나 적어서 통증을 느끼지 못한다면 어떻게 될까? 한센병(나병)에 걸리면 신경이 손상되어 거의 통증을 느끼지 못한다. 그래서 손끝과 발끝에 상처가 생겨도 치료를 하지 않게 되고, 결국 손끝과 발끝이 썩어 떨어져 나가게 되는 것이다. 그렇게 보면 통점은 일종의 경보장치이고, 통증은 일종의 경보신호인 셈이다.

환자의 근육이 긴장되거나 반사운동을 하지 못하도록 하고, 또한 환자의 의식을 상실시켜서 통증을 느끼지 않도록 하는 약물을 마취제라고 한다. 마취제에는 중추신경계(뇌, 척수)의 작용을 억제시켜 의식을 없게 하는 전신마취제와 의식과 관계없이 신체의 말초신경(운동신경, 감각신경)만을 마취하는 국소마취제가 있다.

오늘날과 같은 마취제가 사용되기 전에는 대마초나 아편 같은 마약이나 럼과 브랜드 같은 술로 환자를 취하게 하거나 혼수상태에 빠뜨려 수술을 하곤 하였다. 그러나 이러한 방법은 의식을 완전히 없애는 것이 아니었기 때문에 통증으로 인한 쇼크로 환자가 사망하는 경우가 많았다. 《삼국지》에서는 관우의 팔에 있는 독을 제거하기 위해 팔의 뼈를 갉아내는 수술을 하는데, 이는 마취제를 사용하지 않고 오로지 관우의 참을성에만 의존한 것이었다. 하지만 이러한 경우는 소설이나 영화에서만 가능한 특수한 예일 뿐이고, 실제로는 대부분의 환자들이 사망하게 된다.

약물을 투여한 최초의 마취는 1844년 미국 치과의사인 호레이스 웰즈(Horace Wells)가 환자에게 아산화질소를 들이마시게 한 후 이를 뽑은 것이었다. 일산화이질소 또는 산화이질소라고 하는 아산화질소의 화학식은 N_2O이다. 아산화질소를 흡입하면 얼굴 근육에 경련이 일어나 마치 웃는 것처럼 보이기 때문에 소기(笑氣: laughing gas)라고도 한다. 이 가스는 마취성이 있어서 간단한 외과수술을 할 때 전신마취에 사용하기도 하였다. 그러나 때로는 환자에게 마시게 한 가스의 양이 너무 적어서 통증으로 비명을 지르는 일이 종종 발생했고, 독성과 자극성이 약해 안전한 반면에 높은 농도를 필요로 했기 때문에 산소결핍증을 일으킬 우려도 있었다.

1846년에는 아산화질소로 마취를 하던 호레이스 웰즈의 영향을 받아, 치과의사 윌리엄 모턴(William Morton)이 아산화질소 대신 에테르(ether)를 환자에게 맡게 한 후 통증 없이 이를 뽑을 수 있었다. 이후 에테르는 치과뿐만 아니라 외과에서 팔다리를 자르는 대수술을 할 때에도 사용되었다. 에틸에테르(ethyl ether)라고도 하는 에테르의 화학식은 $CH_3CH_2OCH_2CH_3$이고, 중추신경에 대하여 억제작용을 한다.

▮ 수술 환자의 고통을 덜어주는 마취는 인류에게 많은 혜택을 주었다.

1847년 영국의 제임스 심프슨(James Simpson)은 분만의 고통을 해결하기 위하여 에테르 사용을 검토하다가, 구토와 불쾌감을 일으키는 에테르의 부작용을 알게 되어, 클로로포름(chloroform)을 사용하기로 하였다. 심프슨은 동료 의사의 딸인 산모에게 클로로포름을 사용하여 통증 없이 분만을 유도하였으며, 이때 태어난 아기에게 '애니스티아(anesthesia, 마취)'라는 이름을 지어주었다. 1853년에는 영국 빅토리아 여왕도 클로로포름 마취를 통해 레오폴드 왕자를 통증 없이 분만하였다. 클로로포름의 화학식은 $CHCl_3$으로 흡입 전신마취제이며, 피부를 자극하고 국소를 마비시키는 작용을 한다. 에테르에 비해 3분의 1 정도의 양으로 쉽게 마취가 가능하고 수술 후의 구토도 적지만 심장, 신장, 간 등에 장애를 주기 때문에 오늘날은 거의 사용하지 않는다.

지금은 여러 종류의 효과 높은 마취제가 적절하게 사용되고 있으며, 마취만을 전문으로 다루는 임상의학 분과도 생겼다. 즉 마취과 의사는 수술을 위한 마취 관리, 중환자관리, 통증치료를 전문으로 하며, 종합병원마다 설치되어 있는 '통증클리닉센터'는 마취과 의사가 근무하는 부서이다. 이 밖에도 마취과 의사는 수술 환자의 생명활동에 관한 모든 사항을 책임지는 중요한 일을 한다. 수술환자에게 산소가 적절하게 공급되는지, 출혈이 많지 않고 적절한 양의 혈액이 유지되는지, 혈압은 적절히 유지되는지, 심장은 정상적으로 뛰는지, 수술 후 합병증이 생길 위험은 없는지 등 환자의 상태를 계속 주시하며 대처하는 일을 수행한다.

마취의 도움이 없었더라면 그렇지 않아도 힘겨운 수술이 얼마나 고통스럽고 어려운 작업이 될 것인지 누구도 이해하기 힘들 것이다. 통증이 심한 치료나 수술을 할 때 환자의 고통을 줄이기 위해 노력한 의사들의 노력으로 지금 우리는 현대적인 마취법의 혜택을 받고 있는 것이다.

제3부

생명의 탄생, 생명의 신비

1. 지구 최초의 생명체

고대 이래 많은 학자들은 "곤충은 진흙에서, 미생물은 썩은 물질에서, 병원균은 혈액에서, 기생충은 쓰레기에서, 딱정벌레는 소똥에서 생긴다"라는 자연발생설을 믿고 있었다. 그러다가 프란체스코 레디(Francesco Redi), 라차로 스팔란차니(Lazzaro Spallanzani), 루이 파스퇴르(Louis Pasteur) 등의 실험에 의해 자연발생설이 부정되었고, 생명의 기원에 대한 새로운 방향이 제시되었다.

1668년 레디는 생선 토막을 각각 두 개의 병에 넣어 한쪽은 뚜껑을 씌워서 파리가 들어가지 못하게 하고, 다른 쪽은 뚜껑을 씌우지 않은 채 열어두었다. 뚜껑 없이 열어둔 병에는 구더기와 파리가 생겼으나 뚜껑을 덮은 병에는 구더기와 파리가 생기지 않은 것을 관찰한 그는 자연발생설을 부정하였다. 1765년에는 스팔란차니가 충분히 끓여서 밀폐해둔 고깃국물에서는 미생물이 생기지 않고, 대충 끓여 느슨하게 막은 곳에서만 미생물이 발생한 것을 관찰하여 자연발생설을 다시 한 번 부정하였다.

1862년 파스퇴르는 플라스크에 설탕물과 효모의 혼합액을 넣고 플라스크의 목을 가열하여 S자 형으로 관을 만든 후, 플라스크를 다시 끓여 식혀서 공기 중에 그대로 방치하였다. 그 결과 플라스크 내에 미생물이 발생하지 않았고, 다만 플라스크 내 용액의 일부를 미생물이 걸렸을지 모를 S자관 쪽으로 기울였다가 다시 제 위치에 놓았을 때만 미생물이 발생하였다. 이 실험으로 "생물은 생물의 씨가 들어가서 번식하는 것이지 결코 자연적으로 발생하는 것이 아니다"라는 주장이 확고해졌다.

그렇다면 나→아버지→할아버지→증조할아버지→고조할아버지→……를 거슬러올라가 최초의 생물(조상)은 누구인가? 지구상의 생명체는 어떻게 시작되었고, 어떤 과정을 거쳐 오늘과 같은 다양한 생물들이 이루어졌을까? 생명의 기원에 대한 과학자들의 가설과 실험, 그리고 주장을 알아보면 다음과 같다.

약 46억 년 전에 우주 공간의 먼지나 운석 등이 덩어리로 뭉쳐서 원시지구가 형성되었다. 원시대기는 수증기(H_2O), 수소(H_2), 메탄(CH_4), 암모니아(NH_3) 등의 환원성 기체로 구성되어 현재의 대기와 많이 달랐으며, 오존층이 형성되지 않아 자외선이 지표면까지 쉽게 도달할 수 있었다. 또한 원시지구에는 화산활동, 자외선, 번개, 방사선 같은 풍부한 에너지가 공급되고 있었다.

1929년 존 홀데인(John B. S. Haldane)은 최초의 생물이 출현할 당시의 지구 대기와 오늘날의 대기가 다르다는 가설을 발표하였다. 이어서 1936년에는 알렉산드르 오파린(Aleksandr Oparin)이 번개와 자외선 등의 에너지에 의해 화학반응이 일어나 단백질 같은 고분자 유기물이 만들어졌을 것이라는 가설을 발표하였다. 1953년 스탠리 밀러(Stanley Miller)는 홀데인과 오파린의 가설을 검증하기 위해 수소, 메탄, 암모니아 등을 밀폐된 용기에 넣고 물을 끓이면서 일주일 동안 6만 볼트의 전기를 계속 방전시켰다. 실험 결과 밀러는 글리신, 글루탐산 같은 아미노산과 포름알데히드, 시안화수소, 유기산 같은 유기물이 생성된 것을 발견하였다.

1957년에는 시드니 폭스(Sidney Fox)가 여러 가지 아미노산을 섭씨 170도로 가열하여 폴리펩티드를 합성하는 데 성공함으로써, 뜨겁고 건조한 화산 가장자리나 뜨거운 원시바다에서 아미노산의 중합반응이 쉽게 일어나 고분자 물질이 합성될 수 있음을 입증하였다.

오파린은 원시바다의 고분자 유기물들이 모여서 형성된 콜로이드 상태의 액체 방울을 '코아세르베이트(coacervate)' 라고 명명하였다. 코아세르베이트는 주변의 물질을 선택적으로 받아들여 커지며 어느 정도 자라면 분열하는 특성이 있다. 이와 같은 특성 때문에 오파린은 '코아세르베이트가 원시생명체의 기원이다' 라는 가설을 발표하였다. 반면에 폭스는 폴리아미노산을 물에 담그면 형성되는 작은 액상인 '마이크로스피어(microsphere)' 가 원시생명체의 기원이라는 가설을 제안하였다. 마이크로스피어는 주위 환경으로부터 선택적으로 물을 흡수하여 성장하거나, 적절한 조건 하에서 분열하기도 하는 생물적 특성을 보인다.

원시지구에는 산소가 없었으므로 코아세르베이트 또는 마이크로스피어에서 만들어졌을 것이라고 추측하는 최초의 원시생명체는 바다의 풍부한 유기물을 이용하여 무기호흡을 하는 종속영양생물이었을 것이다. 원시바다에 종속영양생물이 번성하면서 대기 중의 이산화탄소 농도가 증가했을 것이고, 이산화탄소를 이용하여 유기물을 합성할 수 있는 독립영양생물이 출현하였을 것이다. 최초의 독립영양생물은 빛에너지와 황화수소를 이용한 광합성 세균이었을 것으로 보인다. 실제로 35억 년 전의 암석 '스트로마톨라이트(stromatolite)'에서 최초의 독립영양생물로 추정되는 화석이 발견되었다. 스트로마톨라이트의 화석은 이산화탄소를 유기물로 전환하는 과정에서 태양의 빛에너지와 황화수소를 이용한 광합성 세균으로 추정되고 있다. 그러다가 점차 풍부한 물에서 수소를 공급받아 광합성을 하는 원시 남조류가 출현했을 것이고, 남조류들로부터 산소가 만들어졌을 것이다.

산화성 기체인 산소가 증가하면서 산소에 민감한 생명체는 멸종하고, 점차 산소호흡을 하는 종속영양생물이 번성하게 되었을 것이다. 또한 산소가 대기 중에 축적되면서 오존이 만들어지고, 지구 전체가 얇은 오존층으로 덮이게 되었을 것이다. 오존층은 태양의 자외선을 효과적으로 차단하여 수중생활을 하던 원시생물들이 육상생활로 진화하는 것을 가능하게 하였을 것이다.

현재 지구에는 다양한 종류의 수많은 생물들이 살고 있다. 이 모든 생물들이 약 35억 년 전 원시생명체로부터 시작하여 오랜 세월을 거치며 축적된 변화를 통해 나타나게 된 것이다.

2. 물은 생명체를 잉태하는 자궁이다

물은 옛날부터 많은 철학자들의 사색의 대상이 될 정도로 중요한 의미를 가지고 있었다. 예를 들어 기원전 5세기경 엠페도클레스는 흙, 공기, 불, 물이 만물의 기본 요소이며, 만물이 이 네 가지 원소로 이루어져 있다는 4원소설을 제창하기도 했다. 그런데 16세기경 독일의 게오르크 아그리콜라(Georg Agricola)는 물이 원소라는 주장을 부정하였고, 앙투안 라부아지에(Antoine Laurent Lavoisier)는 이것을 과학적으로 확인했다. 1768년 라부아지에는 유리그릇에 물을 끓여 증발시킨 후에 흙이 남아 있는 것을 보고, 정밀한 중량측정을 하여 이 흙이 유리가 용해된 것임을 증명하였다. 이 실험으로 물이 원소가 아니라는 것은 증명되었지만, 그 조성에 대해서는 알 수 없었다.

물의 조성을 처음으로 발견한 사람은 조지프 프리스틀리(Joseph Priestley)였다. 그는 1771년 수소와 산소(또는 공기)를 혼합하여 전기 스파크를 일으키면 물이 생긴다는 것을 발견하였다. 또한 헨리 캐번디시(Henry Cavendish)는 1771년부터 1784년에 걸친 정확한 실험을 통해, 수소 2부피와 산소 1부피에서 물이 생성된다는 것을 확인하였다. 한편 윌리엄 니콜슨(William Nicholson) 등은 볼타전지에 의한 최초의 전기분해로 양극에 산소가 1부피, 음극에 수소가 2부피 발생하는 것을 알았는데, 이것은 조셉 루이 게이뤼삭(Joseph Louis Gay-Lussac)에 의해 보다 정밀하게 실증되었다. 여기서 물은 수소와 산소의 결합으로부터 생기고, 그 수소와 산소의 비율이 2:1이라는 것이 명백하게 밝혀졌다

물은 화학식이 H_2O이며, 색깔과 맛 그리고 냄새가 없다. 지구상에 언제 어떻게 물이 생겼는지는 정확하지 않지만, 지구 생명을 탄생시킨 원시해양은 35억 년 전에 생겼다고 본다. 지구상의 물은 바다, 호수, 강, 샘 등에 존재하며, 대기 중에 수증기로도 존재한다. 또한 생물체 내에도 존재하는 등 물은 지구 표면에서 가장 많이 발견되는 물질이다. 모든 생물이 체내에 가지고 있는 물은 약 1000조 리터로서, 강이나 샘에 들어 있는 물의 절반에 해당되는 양이다.

인체 내에서 물은 에너지원으로 작용하지는 않는다. 하지만 원형질의 주성분으로서 체중의 약 60퍼센트를 차지하는 중요한 물질이다. 생명현상은 생체 내에서 일어나는 복잡한 생화학반응으로 이를 물질대사라고 하는데, 물질대사는 수용액 상태에서 이루어진다. 따라서 물은 생명현상이 일어나는 장소를 제공하는 것이다. 또한 물은 영양소, 호르몬, 이산화탄소, 노폐물 등을 운반하거나 체온을 조절한다. 인체 내의 체액은 세포 외액인 혈액(혈관 속), 림프액(림프관 속), 조직액(세포와 세포 사이)으로 존재하고, 또 세포 안의 세포 내액으로도 존재한다.

건강한 성인의 경우는 체중의 약 60퍼센트가 물이다. 성인의 체중을 60킬로그램으로 가정하면 약 36리터의 물이 몸 안에 있는 셈이

다. 사람은 체내의 지방과 단백질의 절반을 잃고도 생명을 유지할 수 있지만, 수분의 경우에는 10퍼센트(6리터)만 잃어도 생명을 유지할 수 없다. 체내의 물 중 0.6리터만 잃어도 인간은 갈증을 느끼게 되고, 1.5리터 페트병 두 개 정도의 물(3.0리터)이 없어지면 혼수상태에 이르며, 1.5리터 페트병 네 개 정도의 물(6.0리터)을 잃으면 사망하게 된다. 성인은 땀과 오줌 등으로 하루에 약 2.5리터의 물을 배출한다.

우리 몸에서는 3대 영양소가 산화되어 에너지(ATP)를 발생하는 세포호흡(물질대사의 이화작용) 반응을 통해 물이 만들어지는데, 이때 만들어진 물을 대사수(代謝水, metabolic water)라고 한다. 포도당 한 분자가 세포호흡 반응으로 산화되어 에너지를 생산할 경우에 물 6분자의 대사수가 생성되며($C_6H_{12}O_6+6O_2+6H_2O \rightarrow 6CO_2+12H_2O+$에너지), 이것은 포도당 한 분자의 60퍼센트[(6×18/180)×100]에 해당되는 양이다. 지방의 경우에는 108퍼센트, 단백질의 경우에는 42퍼센트의 물이 생성된다. 따라서 성인이 하루에 땀과 오줌 등으로 약 2.5리터의 물을 배출한다고 하여, 매일 2.5리터의 물을 섭취할 필요는 없다.

생명체는 물(해수)에서 탄생하여 육지로 진화해 올라왔고, 태아는 양수라고 하는 자궁의 물속에서 자라며, 양수의 화학적 조성은 해수와 비슷하다. 따라서 물은 우리 영혼의 고향이라고도 말할 수 있다.

미국의 쌍둥이 화성 탐사로봇 가운데 하나인 '오퍼튜니티호(Opportunity)'가 화성에서 물의 흔적을 찾아낸 지 며칠 만에 또 다른 탐사로봇 '스피릿호(Spirit)'가 이보다 수량은 적지만 또 다른 물의 흔적을 발견했다. 이에 전 세계의 과학자들이 '화성에 생명체가 살고 있지 않을까?', '과거 생명체 흔적이 있지 않을까?' 하는 기대를 가지며 들떠 있고, 더욱 연구에 박차를 가하고 있다.

지구의 생명체가 물에서 탄생했듯이, 물은 오늘날도 인간의 생명과 생존에 필수불가결한 요소이다.

3. 인류 최초 조상은 아프리카에 살았다

우리나라 건국신화에서는 천제(天帝) 환인(桓因)의 아들인 환웅(桓雄)이 하늘에서 내려와 웅녀(熊女)와 결혼하여 단군왕검(壇君王儉)을 낳았다 하고, 성경에서는 하나님이 만든 아담과 이브가 카인과 아벨을 낳았다고 한다. 신화와 성경의 사실 여부를 떠나서, 어떻든 최초의 남자 조상은 '환웅/아담'이고, 여자 조상은 '웅녀/이브'가 되는 셈이다. 그렇다면 최초의 조상인 환웅/아담과 웅녀/이브는 어디에 살고 있었을까?

정자가 핵을 가지고 있는 데 반해 난자는 핵 외에도 많은 세포질을 더 가지고 있다. 그러므로 정자와 난자가 수정되어 태어나는 아이는 아버지와 어머니의 핵에 의한 유전적 영향뿐만 아니라 어머니의 세포질에 의한 유전적 영향도 받게 된다. 세포질 속에는 미토콘드리아, 리보솜, 소포체, 골지체 등의 많은 세포소기관들이 들어 있다. 이 중 미토콘드리아는 핵 속의 염색체에 들어 있는 DNA와는 별개로 독자적인 DNA를 가지고 있기 때문에, 미토콘드리아 유전은 난자의 세포질에 의한 영향을 받게 된다. 즉 아들과 딸의 미토콘드리아는 어머니에게서, 어머니와 외삼촌의 것은 할머니에게서 내려온 것이다. 따라서 자식들의 미토콘드리아는 아버지가 아닌 어머니의 유전적인 특징을 가지게 된다. 이러한 모계 중심의 유전을 세포질 유전이라고 한다.

그러므로 미토콘드리아를 역추적하면 인류의 조상인 웅녀/이브가 누구이며, 인류의 이동 경로가 어떠했는지를 알 수 있다. 실제로 미토콘드리아 유전자 유형을 분류하고 추적한 결과, 17만 년 전 아프리카 동북부 에티오피아 지역에서 인류가 기원된 것으로 보고되었다. 아프리카에는 미토콘드리아 원시 유형으로 L0 · L1 · L2형이 있고, 여기에서 아프리카의 고유한 L3형과 아시아와 유럽으로 진출한 M형과 N형이 생겨난 후, 기후 환경 등에 적응하면서 여러 변종이 만들어진 것으로 보인다. 유럽에는 N형이 진출해 H · I · J · T · U · V · W · X형이 만들어졌고, 아시아에는 M형과 N형이 시베리아를 향해 이동한 북쪽에서는 A · C · D · G형 등이, 해안을 따라 남쪽으로 이동해서는 B · F · M형이 만들어진 것이다.

생명 탄생 초기인 원시 생명체 시절의 미토콘드리아는 독자적인 단세포 생명체였다. 그러다가 15억~20억 년 전에 단세포 생명체들이 합쳐지면서, 합쳐진 세포의 세포질에 미토콘드리아가 위치하게 되었다. 따라서 미토콘드리아는 자신의 독자적인 유전자를 가지고 있다. 미토콘드리아는 핵 속 염색체에 들어 있는 DNA만큼 철저하게 보호되지 못하기 때문에, 핵의 DNA에 비해 5~10배 정도로 돌연변이를 잘 일으킨다. 미토콘드리아의 돌연변이 특성은 인구집단별로 다양할 뿐만 아니라 개인별로도 많은 차이점을 가지고 있다. 그래서 재난사고 시 사체 식별에 미토콘드리아 유전자 분석 방법이 사용되는 것이다.

남자만이 가지고 있는 Y염색체의 크기는 X염색체의 3분의 1 정도이고, 유전자 수는 100분의 1에 해당하는 30개 정도이다. 그 가운데 약 15개는 X염색체와 공통되는 유전자이고, 나머지 15개만 Y염색체에 들어 있는데, 그것은 남자다운 매력과 남자의 생식 능력을 가지게 하는 유전자이다. 태아가 발생할 때, Y염색체에 들어 있는 성결정 유전자(SRY)가 작동하여 정소와 음경이 만들어지면서 남자가 된다. 원래 Y염색체는 X염색체와 짝을 이루고 있다가 진화과정에서 생긴 것으로 보이는데, 이것이 X염색체와 재조합 될 수 없는 배열상태를 가지게 되고, 오랜 세월 동안 점차 작아지면서 현재의 Y염색체가 되었다. 따라서 서로 크기가 다른 X와 Y염색체 사이에서는 감수분열 때 거의 교차가 일어나지 않는다. Y염색체는 할아버지에게서 아버지에게, 아버지에게서 아들에게, 즉 남자에게만 전달되는 부계중심 유전자를 가지고 있다.

미토콘드리아 DNA를 이용하여 최초의 여자 조상인 웅녀/이브를 연구하는 것처럼, Y염색체는 최초의 남자 조상인 환웅/아담을 알 수 있는 실마리이다. 예를 들어 아프리카에서 나와 아시아 남방으로 이동하던 집단의 Y염색체에 M175로 명명된 돌연변이가 일어났다면, 이들 후손의 Y염색체에는 모두 M175라는 돌연변이 흔적이 남는다. 이 흔적을 거슬러 추적한 결과 모든 인류는 아프리카의 한 조상에게서 기원된 것으로 보고되었다.

미국의 유전학자이자 진화생물학자이며 탐험가인 스펜스 웰스

(Spencer Wells)는 《인류의 조상을 찾아서》에서, 부계로만 전해지는 Y염색체를 분석한 결과 최초의 인류 조상이 아프리카 서북부의 광대한 땅으로부터 유라시아와 호주로 이동했음을 밝혔다. 또한 1974년 에티오피아에서는 320만 년 전 직립보행을 한 최초의 인간으로서 여성인 '루시(Lucy)의 화석'이 발견되기도 했다.

인류의 최초 조상인 환웅/아담과 웅녀/이브는 아프리카에 살고 있었던 것이다.

4. 감수분열과 인류의 진화

세포의 핵에는 염색체가 들어 있고, 염색체에는 유전자의 본체인 DNA가 들어 있다. 엄마와 아빠의 모세포(2n=46)에서 감수분열로 만들어진 난자(n=23)와 정자(n=23)에는 엄마와 아빠 염색체 수의 2

제1분열: 이형 분열(상동염색체의 분리 2n→n)

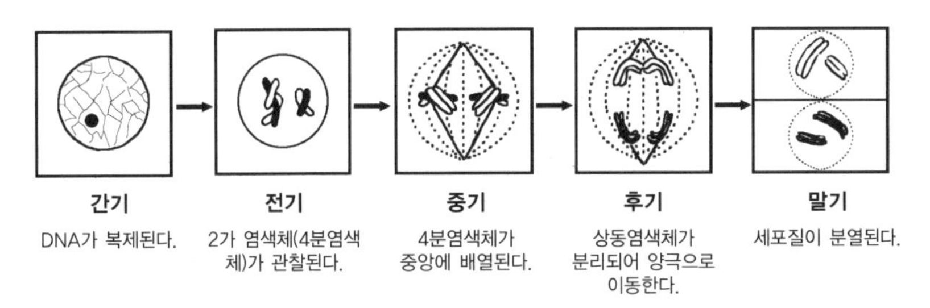

제2분열: 동형 분열(염색 분체의 분리 n→n)

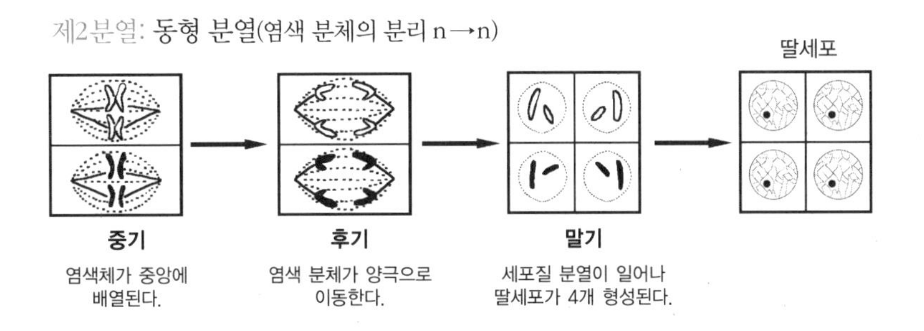

감수분열 시 염색체 행동

분의 1이 들어 있고, 유전자(DNA)도 역시 2분의 1이 들어 있다. 이 반수의 염색체와 유전자를 갖는 정자와 난자가 수정되어 우리가 태어난 것이다.

그렇다면 감수분열을 할 때 염색체는 어떻게 반으로 줄어드는가? 이때 모양과 크기가 같은 상동염색체(염색체 2개)가 짝을 이루어 이가염색체(염색체 2개)가 되고, 이가염색체는 각각 세로로 길게 갈라져서 4분염색체(염색체 2개, 염색분체 4개)가 된다. 4분염색체(2분염색체 2개)는 제1감수분열을 거치면서 2개의 2분염색체(염색체 1개, 염색분체 2개)로 나뉘고, 2분염색체(염색체 1개, 염색분체 2개)는 제2감수분열을 거치면서 1개의 염색분체(염색체 1개에 해당)로 나누어진다. 따라서 감수분열로 만들어진 생식세포(정자 또는 난자)는 모세포 염색체의 반을 가지게 된다. 그림을 보면서 손가락을 이용하여 감수분열 시 염색체 행동을 체험해 보자.

또한 감수분열을 할 때 DNA는 어떻게 반으로 줄어드는가? 모세포의 DNA는 감수분열이 일어나기 전에 두 배로 복제되었다가 제1감수분열을 거치면서 2분의 1로 나누어지고, 다시 제2감수분열을 거치면서 2분의 1로 나누어진다. 따라서 감수분열로 만들어진 생식세포의 DNA 양은 모세포의 2분의 1을 가지게 된다. 예를 들어, 모세포의 DNA 양이 2D라면, 두 배로 복제되어 4D가 되었다가 1분열 때 2D로 나누어지고, 다시 2분열 때 1D로 나누어져서, 딸세포의 DNA 양은 모세포 2D의 2분의 1인 1D를 가지게 된다. 유전자가 두 개인 Aa개체에서 감수분열로 만들어진 생식세포는 A와 a로 유전자

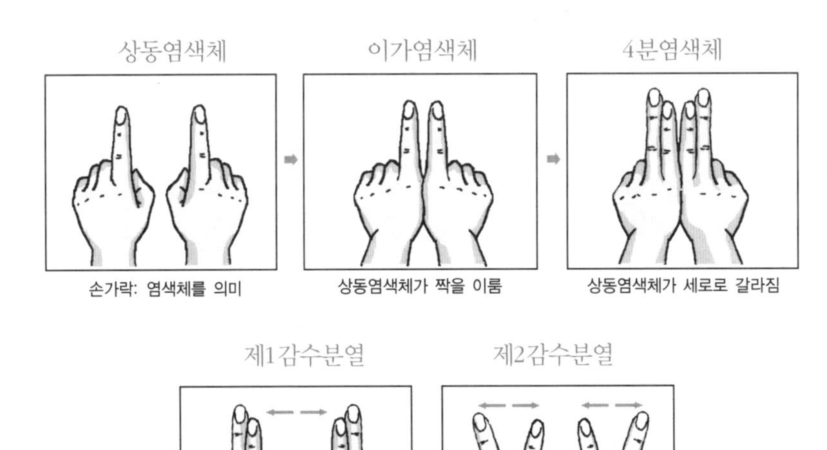

감수분열 시 염색체 행동 손 모형

를 각각 한 개씩 가지게 되고, 유전자가 네 개인 AaBb개체에서 감수분열로 만들어진 생식세포는 AB, Ab, aB, ab로 유전자를 각각 두 개씩 가지게 된다.

각각의 염색체 안에 유전자가 한 개씩 들어 있는 경우의 유전현상을 독립유전이라고 한다. 위에서 예를 든 것처럼 A, a, B, b, C, c 유전자가 독립적으로 각각 다른 염색체에 하나씩 들어 있는 경우, Aa개체(2n=2)에서는 [A, a]의 두 종류(2^1) 생식세포가 만들어지고, AaBb개체(2n=4)에서는 [AB, Ab, aB, ab]의 네 종류(2^2) 생식세포가 만들어지며, AaBbCc(2n=6)개체에서는 [ABC, ABc, AbC,

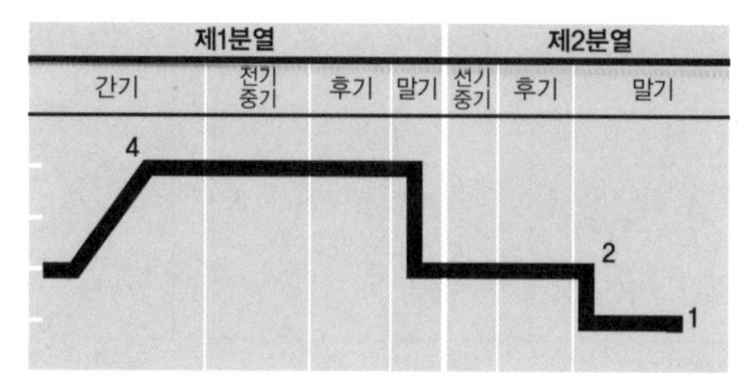

▮ 감수분열 시 DNA 양 변화

Abc, aBC, aBc, abC, abc]의 여덟 종류(2^3) 생식세포가 만들어진다. 공식은 2^n인 것이다.

사람의 염색체 수는 [2n=46]이다. 따라서 한 사람에게서 만들어질 수 있는 생식세포의 염색체 조합은 2^{23}으로서 838만8608이다. 또한 2^n 종류의 정자와 난자가 각각 1개씩 만나 수정될 수 있는 조합은 2^{2n}이다. 그러므로 부부 사이에서 수정되어 태어날 수 있는 자식의 염색체 조합은 2^{46}으로서, 70조3687억4417만7664이다.

'진화'는 환경의 변화에 가장 잘 적응할 수 있는 형질의 유전자를 가진 개체가 살아남음으로써, 그 유전자가 선택되는 자연현상이다. 유전자는 염색체 안에 들어 있으므로 사람은 다양한 환경의 변화에 살아남을 수 있는 다양한 염색체 조합(유전자 조합)의 자식들을 낳음으로써 환경 변화에 적응하는 진화 전략을 가지고 있는 것이다.

인류의 진화에 있어서, 약 2500만 년 전 지층에서 발견된 드리오피테쿠스(*Dryopithecus*)가 유인원과 인류의 공동 조상으로 추정된다. 드리오피테쿠스로부터 갈라져 나온 라마피테쿠스(*Ramapithecus punjabicus*)가 1000만~300만 년 전에 살고 있었으며, 150만~400만 년 전에 살았던 오스트랄로피테쿠스(*Australopithecus*)를 최초의 인류로 추정한다. 사람과 같은 호모(*Homo*)라는 속명을 가진 최초의 조상은 300만 년 전 오스트랄로피테쿠스에서 진화한 호모 하빌리스(*Home habilis*)이고, 호모 하빌리스에서 진화한 호모에렉투스(*Homo erectus*)가 150만 년 전부터 30만 년 전까지 살고 있었다.

현대인과 같은 학명(*Homo sapiens*)을 가진 최초의 조상은 네안데르탈인(Neanderthal man)으로서 15만~3만 년 전에 살았을 것으로 보인다. 네안데르탈인이 살고 있던 4만 년 전에 또 다른 현대인이 살고 있었는데, 크로마뇽인(Cro-Magnon man)이라고 불리는 이들이 현대인의 직접적인 조상으로 추정된다.

교과서적으로 보면 인류 진화의 계보는 '드리오피테쿠스→라마피테쿠스→오스트랄로피테쿠스→호모하빌리스→호모에렉투스→네안데르탈인→크로마뇽인→현대인' 으로 이어졌다는 것이 정설이다. 당대에 살았던 원시인들이 다양한 염색체 조합(유전자 조합)의 자식들을 낳았고, 다양한 자식들 중 어느 무리가 혹독한 환경(화산, 지진, 빙하기, 원시인들 사이의 전쟁 등)에서 살아남음으로써 진화되어 온 것이다.

전문가들은 현대인들이 저지른 환경오염(지구온난화, 산성비, 오존층 파괴 등)에 의한 자연환경 변화가 커다란 재앙을 초래할 것이라고 주장하고 있다. 그러나 아이러니컬하게도 인류는 여전히 다양한 염색체 조합의 자식들을 낳고 있다. 따라서 자연환경이 혹독하게 변화하더라도 살아남는 인류는 여전히 있을 것이다. 그렇다고 지금 처럼 지구 환경을 방치해서는 절대로 안 될 일이다. 환경에 대한 대안 없이는 인류의 미래가 불투명하기 때문이다.

5. 생명을 설계하는 DNA

하나의 세포를 만들기 위해
푸른 행성 지구는 그렇게 진화했나보다.
DNA 이중나선을 붙들기 위해
150억 년 전 빅뱅 우주는 그렇게 수소를 만들었나보다.
긴장과 초조로 가슴 조이던 기나긴 우주 진화의 갈림길에서
이제는 돌아와 지구에 정착한 자연의 레고 원자들이여
모든 생명은 한 가족임을 가르치려고
A, T, G, C 같은 염기를 생명의 알파벳으로 사용하나보다.

위 글은 서울대학교 김희준 교수(분석화학)의 자연과학개론 수강생 중 한 명이 서정주 시인의 '국화 옆에서'를 모작하여 기말 프로젝트로 제출한 시이다. 이 시에는 바이러스(생물과 무생물의 중간), 원핵단세포(세균 등), 진핵단세포(아메바 등), 진핵다세포(버섯, 무궁화, 사람 등) 등 모든 생물이 가지고 있는 생명 설계 물질인 DNA의 생물학적 의미가 함축적으로 잘 나타나 있다.

DNA의 기본 단위는 뉴클레오티드(nucleotide)로서 염기, 오탄당, 인산이 한 분자씩 결합하여 구성된다. 오탄당은 디옥시리보오스

한 종류인데, 염기는 아데닌(A), 구아닌(G), 시토신(C), 티민(T)의 네 가지가 있다. 따라서 DNA를 구성하는 뉴클레오티드는 A를 가진 것, G를 가진 것, C를 가진 것, 그리고 T를 가진 것 네 종류가 있다.

DNA는 이중나선(double helix) 구조로서 기다란 두 가닥 사슬의 뉴클레오티드가 마치 사다리를 비틀어서 꼬아놓은 꽈배기처럼 꼬여 있다. 사다리의 두 다리는 디옥시리보오스(D)와 인산(P)의 연결(-D-P-D-P……)에 해당하고, 사다리의 발판은 두 다리에서 뻗어나와 서로 마주보고 있는 염기의 결합에 해당한다고 볼 수 있다. DNA 이중나선 구조의 지름은 2나노미터이고 오른쪽으로 선회하며, 나선의 한 바퀴에는 정확히 10쌍의 뉴클레오티드 쌍이 들어 있다. 그 쌍 사이의 길이는 0.34나노미터로서, 뉴클레오티드 10쌍이 나선 한 바퀴를 형성하는 길이는 3.4나노미터이다.

A는 항상 T와 짝을 이루어 두 곳(A=T)에서, 그리고 G는 항상 C와 짝을 이루어 세 곳(G≡C)에서 약한 수소결합을 한다. 따라서 DNA를 뉴클레오티드로 완전히 분해한 다음 네 종의 염기 함량 비를 측정해보면, A의 함량은 T와 똑같고 G의 함량은 C와 똑같다. 네 종류의 뉴클레오티드가 수천 개 또는 수만 개 연결될 때 그 배열순서의 다양한 조합에 의해 여러 종류의 유전자가 만들어지고, 여러 종류의 형질(표현형)이 나타나게 된다.

즉 멘델의 유전법칙에 나오는 둥근콩, 주름진콩, 황색떡잎, 녹색떡잎과 ABO식 혈액형에서 볼 수 있는 A형, B형, AB형, O형 등이 만들어지는 것이다. 또한 네 종류의 뉴클레오티드 조합에 따라 바

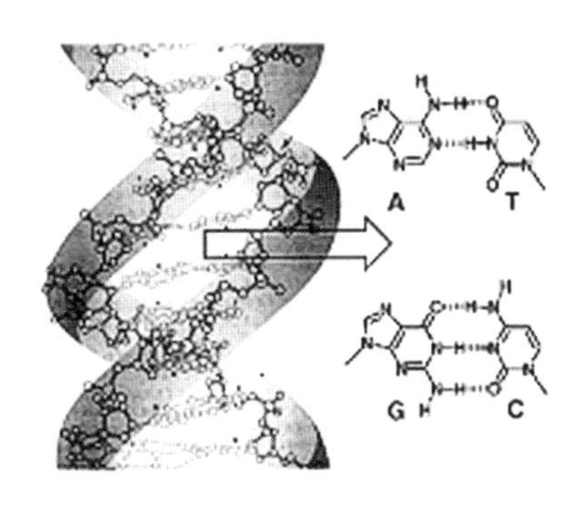

■ DNA 이중나선

이러스, 세균, 아메바, 버섯, 무궁화, 사람 등의 다양한 생물이 만들어진다. 따라서 A, T, G, C의 염기를 생명의 알파벳이라고 부른다.

생물의 형질은 그 생물을 이루고 있는 단백질의 독특한 구조에 의해 나타나는데, 이러한 단백질은 유전자가 지정하는 아미노산들의 펩티드 결합으로 합성된다. 그런데 단백질을 구성하는 아미노산이 20종류인 데 비하여 염기는 훨씬 적은 네 종류뿐이기 때문에 한 개의 염기가 한 종류의 아미노산을 지정한다면 네 종류의 아미노산만을 지시할 따름이다. 두 개의 염기가 조합을 이루어 한 개의 아미노산을 지정한다 해도 4^2인 16종의 아미노산밖에 지정하지 못한다. 그러나 세 개의 염기가 1조가 되어 아미노산을 지정한다면, 4^3인 64종이 지정되므로 모든 아미노산을 지정할 수 있다. 이와 같이 세 개의 염기로 된 DNA의 유전암호를 코드(code)라고 한다.

이러한 DNA의 암호 배열에 따라 여러 가지 형질이 나타나게 되고, DNA의 암호에 이상이 생기면 새로운 돌연변이 형질이 나타나기도 한다. 예를 들면 CAA, GTA, AAC, TGA, GGA, CTT, CTC… 의 암호에 따라 발린, 히스티딘, 류신, 트레오닌, 프롤린, 글루탐산……의 아미노산들이 결합하여 정상 적혈구가 만들어진다. 그런데 여섯번째 유전암호인 CTT가 CAT로 바뀌어 CAA, GTA, AAC, TGA, GGA, CAT, CTC……의 암호가 되면 여섯번째 아미노산인 글루탐산 대신 발린이 결합하여 발린, 히스티딘, 류신, 트레오닌, 프롤린, 발린, 글루탐산……의 겸형 적혈구가 된다. 겸형 적혈구는 산소운반 능력이 너무 부족하여 빈혈증을 유발한다.

오늘날은 DNA에 인위적인 조작을 가하는 '유전자재조합기술'로 생장호르몬, 인슐린, 인터페론 등의 유용한 물질을 만든다. DNA 재조합기술은 고등생물에서 유용한 DNA(보완유전자)를 채취하여 대장균의 플라스미드나 바이러스인 박테리오파지 등의 DNA에 삽입하는 기술로, 이때 DNA의 절단에는 제한효소를, 연결에는 리가아제를 사용한다.

유전자재조합기술이 발전하면서 유전자를 난치병에 이용하려는 시도가 계속되어 왔으며, 치료방법 개발에 대한 요구도 날이 갈수록 커지고 있다. 생명설계도의 중추부를 취급하는 이러한 DNA 조작기술은 생명에 대한 근원적 이해와 더불어 인간의 정체성, 자연과의 관계 등 인류의 가치관과 철학을 크게 변화시키고 있다. 역사적 교훈에 의하면 모든 기술혁명에는 이익과 손해가 수반되며, 기술이 강력할수록 그에 대한 대가도 크다. 따라서 DNA 조작기술을 활용하기에 앞서 기술혁명과 통제의 조화가 생명윤리 차원에서 전제되어야 할 것이다.

자연적으로 DNA는 생물체 내에서 체세포분열이 일어나기 전에 두 배로 복제되었다가 딸세포로 나뉘어 들어가므로 딸세포의 유전자는 모세포와 똑같다. 그러나 감수분열에서는 DNA가 두 배로 복제되었다가 연속적으로 두 번 분열하기 때문에, 딸세포(정자 또는 난자)의 DNA는 모세포의 2분의 1만 가지게 된다. 이 2분의 1의 DNA는 정자와 난자의 수정에 의해 다시 원래대로 회복되는데, 이때 엄마와 아빠의 DNA 사이에서 우열 관계에 따라 유전현상이 나타나게 된다. 그야말로 DNA는 생명을 설계하는 물질이며, A, T, G, C 네 염기는 모든 생명체의 생명 알파벳인 것이다.

6. 임신과 분만의 신비

무생물과 달리 생물에게는 개체를 유지하기 위한 생장, 물질대사, 항상성 등의 특성이 있고, 종족을 유지하기 위한 생식, 유전, 진화 등의 특성이 있다. 종족유지를 위한 여러 가지 특성 중에서 가장 기본적인 것은 '생식'이다. 생물이 자신과 같은 새 개체를 만들어 종족을 유지하려는 이러한 생식은 어떤 과정으로 이루어지며, 또 어떤 안전시스템을 가지고 있을까?

여성의 성주기(월경기, 여포기, 배란기, 황체기) 가운데 배란기 때에 제2 난모세포 상태로 배출되는 난자는 보통 수란관의 상단부에서 정자와 수정된다. 정자의 첨체에서 효소가 분비되어 난자의 투명대를 분해하고, 정자의 핵(n)이 난자의 속으로 들어가서 난자의 핵(n)과 융합하여 수정란(2n)을 형성한다. 정자의 세포막과 난자의 세포막이 만나면 난자에는 수정막이 형성되는데, 이것은 다른 정자의 침입을 막는 안전시스템 역할을 한다. 만약 정자가 두 개 이상 수정된다면 돌연변이가 발생하겠지만, 그러한 일은 발생하지 않는다. 일반적으로 정자의 수명은 3일 정도이며, 난자는 36시간 정도이다. 따라서 배란 전 3일부터 배란 후 2일까지 정자가 수란관 입구에 도달하면 수정될 가능성이 있다.

수정란은 세포분열(난할)을 하면서 수란관의 연동운동에 의해 수란관을 따라 자궁으로 이동한다. 이 수란관의 연동운동이 비몽사몽간에 태몽으로 나타난다고 한다. 즉 용꿈, 뱀꿈, 물이 흘러가는 꿈, 대문이 열리는 꿈 등의 태몽으로 나타나는 것이다. 수정된 지 5~7일 후에 포배 상태로 자궁에 도달한 배(胚)는 자궁 내벽에 착상하는데, 이때부터 임신이 된 것으로 본다. 수정란이 착상되면 모체와 태아 사이에 태반이 형성된다.

태아 조직의 일부와 자궁 내벽의 일부가 합쳐져서 형성되는 태반에는 모체의 모세혈관이 변형된 열린 혈액동이 형성된다. 혈액동에는 태아 탯줄 끝의 모세혈관이 분포하여, 모체와 태아의 모세혈관 사이에서 기체와 물질의 교환이 일어난다. 기체와 물질은 태아와 모체 중 많은 쪽에서 적은 쪽으로 이동되는데, 산소와 영양물은 모체에서 태아로 이동하고, 이산화탄소와 노폐물은 태아에서 모체로 이동한다. 이때 태아와 모체의 모세혈관은 서로 간격을 두고 떨어져 있어서, 혈액이 섞이지 않는 안전시스템을 가지고 있다. 만약 모체와 태아의 서로 다른 혈액형의 혈액이 섞이면 응집반응이 일어나 큰 문제가 되겠지만 이러한 안전시스템 덕분에 그런 일은 발생하지 않는다.

태아는 양막으로 둘러싸여 있고 그 안에는 양수가 가득 차 있다. 이러한 조건은 외부로부터의 충격과 건조를 막아주는 안전시스템 역할을 한다. 태아는 신경계가 가장 먼저 발달을 시작하는데 신경계는 출생 이후까지 계속 발달한다. 신경계 다음으로 심장과 순환계가 발달하며, 점차 손, 발, 귀, 눈 등이 발달한다. 생식계는 다른 기관에 비해 늦게 발달하는데, 임신 9주 이후부터 태아의 성별이 구분된다. 수정 후 266일 정도가 지나면 뇌하수체 후엽에서 옥시토신을 분비하고, 그 영향으로 자궁이 수축하여 분만이 이루어진다.

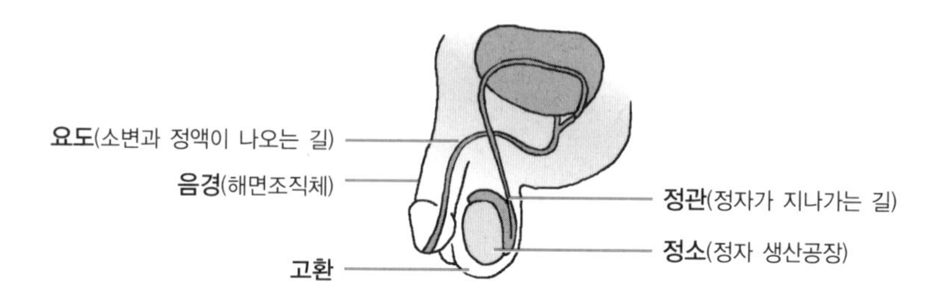

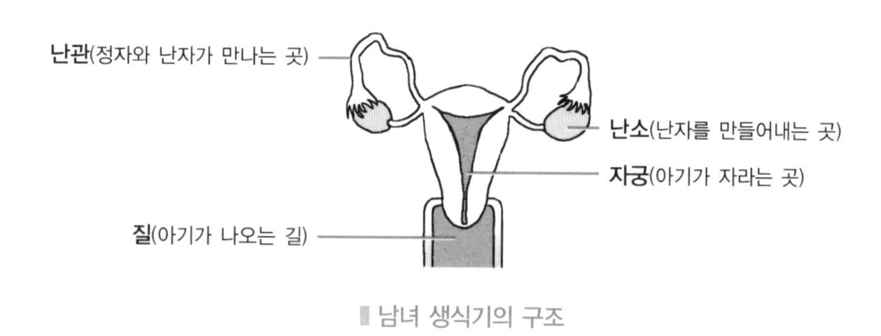

▮ 남녀 생식기의 구조

아이가 태어난 후 100일째에 하는 100일 잔치는 의미심장한 생물학적 배경을 가지고 있다. 보통 임신 기간을 마지막 월경 시작일로부터 10개월이라고 한다. 10개월×28일(성주기)=280일이고, 280일+100일(잔치)=380일이다. 보통 마지막 월경 시작일로부터 14일경에 난자(제2 난모세포)가 배란된다. 그러므로 380일-14일=366일≒1년이다. 따라서 100일 잔치는 생명의 씨앗인 아빠의 정자와 엄마의 난자가 만난 1주년을 기념하는 날인 것이다.

다른 생물들과 달리 사람은 종족유지에 역행하는 특성도 가지고 있다. 즉 인위적인 안전시스템으로 피임법을 개발하여 사용하고 있는 것이다. 피임법에는 임신 가능 기간에 성 접촉을 피하는 자연피임법, 난자의 성숙과 배란을 억제하는 피임약(에스트로겐과 프로게스테론이 주성분) 복용법, 정자가 난자와 만나는 것을 차단하는 콘돔(남성) 착용법, 수정란의 착상을 방해하는 루프(여성) 착용법, 수정관(남성)이나 수란관(여성)을 묶거나 절단하는 영구피임법 등이 있고, 최악의 방법으로 인공임신중절(낙태) 수술이 있다.

그러나 현재 낙태는 형법에서 위법으로 간주하고 있으며, 다만 모자보건법에서만 의학적 · 우생학적 · 윤리적 문제에 한하여 낙태를 허용하는 경우를 규정하고 있다. 인공임신중절이 허용되는 경우는 우생학적 또는 유전학적으로 정신장애나 신체질환이 있는 경우, 전염성의 질환이 있는 경우, 강간 또는 준 강간에 의해서 임신된 경우, 법률상 혼인할 수 없는 혈족 또는 친척 간에 임신이 된 경우, 임신의 지속이 보건 의학적 이유로 모체의 건강을 심각하게 해치고 있거나 해칠 우려가 있는 경우이다. 이러한 허용 역시 종족유지의 양면적인 안전시스템으로 볼 수 있다. 왜냐하면 본의 아닌 불행한 종족유지(임신)는 당사자의 인권과 행복에 위배되기 때문이다.

7. 양보와 희생정신을 가르치는 세포

세포(cell)는 생물을 구성하는 기본 단위로서, 생명활동을 수행하는 기능적 단위이다. 이러한 세포는 세포막, 핵, 세포질로 이루어져 있는데, 세포막은 세포를 둘러싸고 있는 막으로 세포의 울타리 역할을 하고, 세포 내외로 물질과 기체를 출입시키는 대문 역할을 한다. 핵은 둥근 모양으로 DNA(유전자의 본체)가 들어 있는 염색체를 가지고 있으며, 유전에 관여하고 세포의 지휘관 역할을 한다.

또한 세포질은 세포막과 핵 사이의 공간으로, 핵(지휘관)의 명령을 받아 각자의 역할을 수행하는 세포소기관들이 들어 있다. 세포소기관에는 세포호흡으로 에너지를 만드는 미토콘드리아(발전소 역할), 단백질을 합성하는 리보솜(제품생산공장 역할), 물질이 이동되는 통로인 소포체(도로 역할), 물질을 가공하여 분비하는 골지체(판매점 역할), 세포내소화로 노폐물 등을 분해하는 리소좀(쓰레기소각장 역할), 노폐물 등을 저장하는 액포(쓰레기매립장 역할), 광합성으로 포도당을 만드는 엽록체(식품생산공장 역할) 등이 있다.

일반적으로 생물은 원료를 받아들여 필요한 물질을 만들고, 에너지를 생성하며 성장하고, 자극에 반응한다. 그리고 스스로 번식하는 등의 생명활동 특성을 가지고 있다. 단세포 생물인 아메바, 유글

레나, 짚신벌레 등 역시 이와 같은 생명활동의 특성을 보인다. 세포의 일반적인 생명활동은 생물의 일반적인 생명활동 특성과 같다. 세포 역시 원료를 받아들여 필요한 물질을 만들고 성장하며, 에너지를 생성하고 자극에 반응하며, 스스로 증식을 하는 것이다.

세포는 세포로부터 만들어지면서 보존되고 증식된다. 즉 하나의 세포가 두 개 이상의 세포로 나누어지는 과정인 세포분열을 통하여 자손을 만들면서, 자신을 보존하고 증식한다. 세포분열에는 체세포(신체를 구성하는 세포)를 보존하고 증식하는 체세포분열과 생식세포(정자, 난자 등)를 만드는 감수분열 두 가지가 있다.

신체를 구성하는 체세포가 일정한 크기 이상으로 성장하면, 세포질에 대한 핵의 지휘와 통제 능력이 감소된다. 그렇게 되면 세포의 생명활동에 지장이 초래되어 문제가 발생하므로 세포는 분열하여 그 공간을 줄여야 한다. 과거 세계사 속에서 국토가 넓어져 황제의 지휘 · 통제 능력이 먼 변방까지 미치지 못할 때, 나라가 분열되던 것과 같은 맥락으로 이해하면 된다.

체세포분열로 만들어진 두 개의 딸세포는 모세포와 염색체 수가 똑같다. 따라서 딸세포의 염색체 안에 들어 있는 유전자도 모세포와 똑같다. 모세포와 유전적으로 차이가 없는 두 개의 딸세포가 체세포분열로 만들어지는 것이다. 생명공학의 일종인 조직배양은 체세포분열을 이용한 기술이므로 조직배양으로 만들어진 개체는 조직을 제공한 개체와 유전적으로 똑같다. 이러한 조직배양 기술은 희귀하고 보존하여야 할 가치가 있는 개체를 똑같이 증식시키는 데 주로 이용

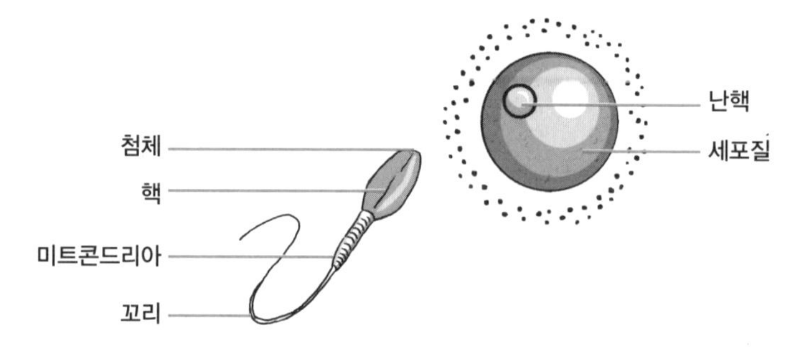

정자와 난자의 구조와 모양

되는 생명공학 기술이다.

감수분열로 만들어진 네 개의 딸세포인 생식세포는 모세포가 가진 염색체와 유전자를 반만 가진다. 이 염색체와 유전자는 정자와 난자가 수정되면 모세포와 같은 수로 되돌아가게 된다. 만약 감수분열이 되지 않고 그대로 수정이 이루어진다면, 염색체가 두 배씩 증가하게 되어 세포 안에는 염색체가 수북하게 쌓이게 되고, 결국 세포는 죽게 될 것이다.

남자는 사춘기 이후부터 한 개의 모세포에서 정자가 네 개씩 만들어지고, 무수히 많은 정자가 저장되었다가, 1회 사정 때마다 1억 마리 이상이 방출되어 난자를 향해 헤엄쳐간다. 이때 가장 먼저 도달한 건강한 정자가 난자와 수정되어 새 생명체를 만든다. 사람은 정자 시대부터 선의의 경쟁을 하고 있는 셈이다.

또한 여자는 사춘기 이전에 필요한 모세포를 미리 만들어두었다가, 사춘기 이후부터 28일(건강한 여성의 성주기)마다 한 개씩 난자를 만든다. 감수분열로 만들어진 네 개의 딸세포 중 세 개의 극체는 난자에게 세포질을 양보하면서 퇴화 소실되고, 세포질을 양보받은 한 개의 커다랗고 건강한 난자가 정자를 기다린다. 결국 사람은 난자 시대부터 극체에 의한 양보와 희생정신 속에서 태어나는 것이다.

8. 동물들의 구애행동과 짝짓기

동물의 암수가 짝을 이루는 것을 짝짓기라 한다. 동물들은 짝짓기 전에 구애행동을 하여 상대방의 마음을 얻는다. 예를 들어 춤파리는 암컷에게 풍부한 먹이를 주고, 갈매기는 수없이 인사를 하며, 개구리는 크게 울고, 금관조는 아름다운 노래를 부르면서 깃털을 높이 들고 암컷을 유인하는 구애행동을 한다. 구애행동이 이루어진 후에는 짝짓기를 통하여 수정을 한다. 수정에는 암컷의 몸속에서 일어나는 체내수정과 암컷의 몸 밖에서 일어나는 체외수정 두 가지가 있는데, 일반적으로 물 밖에 사는 육상동물들은 체내수정을 한다.

떼허리노린재의 암컷 성충은 일정한 장소에 페로몬(pheromon)이라는 화학 물질을 풍겨 수컷들을 많이 불러모으고 이들을 격렬하게 싸우게 한다. 그리고는 싸움에 이긴 건강하고 젊은 수컷과 집단으로 짝짓기를 하여, 우수한 유전자를 가진 새끼를 갖는다. 그야말로 허약한 수컷은 일생동안 짝짓기 한 번 못하고 죽는 경우가 많다. 짝짓기는 강하고 튼튼한 유전자를 자식에게 전달하는 수단이 되기도 한다.

춤파리 수컷들은 작은 곤충을 사냥한 후 집단으로 춤을 춘다. 그러면 암컷들이 몰려오는데, 수컷은 암컷에게 사냥한 먹이를 선물로 주고 암컷이 먹이를 먹는 동안 짝짓기를 한다. 따라서 선물(먹이)을 가지지 못한 수컷은 짝짓기에 성공하지 못한다. 짝짓기에 있어서 선물은 필수적인 것이다.

사람들은 짝짓기를 위해 여러 가지 구애행동을 한다.

모시나비나 이른 봄의 호랑나비는 짝짓기 후에 암컷이 두 번 다시 짝짓기를 할 수 없도록 일종의 정조대(?)를 착용시킨다. 즉 암컷의 생식공을 막아버리는데, 나비나 나방 종류의 생식기에는 짝짓기용과 산란용의 두 개 구멍이 있기 때문에, 짝짓기 구멍이 막혀도 산란에는 지장이 없다. 나비와 나방의 수컷이 짝짓기 때 정자들을 싸고 있는 정포를 암컷에게 집어넣으면, 정포 속의 정자가 암컷의 수정낭으로 이동한다. 짝짓기 직후 암컷의 복부는 정포 때문에 크게 부풀어 날개를 펼치게 되는데, 이는 다른 수컷의 짝짓기를 거부하는 자세이다. 정포는 암컷의 영양원이 되고, 새로운 짝짓기 시기를 늦추는 역할을 한다.

톡토기는 직접 짝짓기를 하지 않고 간접 짝짓기를 하는 원시적인 곤충으로, 암컷이 지나갈 만한 숲 속 여러 곳에 수컷이 아주 작은 정포를 뿌려둔다. 그러면 그곳을 지나던 암컷이 그 정포를 생식기에 넣어 정자와 난자가 만나게 되는 것이다.

짝짓기를 하여도 반드시 자식을 남기게 된다는 보장은 없다. 그러므로 큰물자라 수컷은 자신의 정자가 확실하게 암컷의 짝짓기낭에 저장되도록 한 마리의 암컷과 여러 번 짝짓기 한 후, 자신의 등 위에 알을 낳게 하고 직접 새끼를 기른다.

가시고기는 둥지를 만들고 등 쪽의 푸른색과 배 쪽의 붉은색을 선명하게 한 후 암컷을 둥지로 끌어들여 산란을 유도한다. 암컷의 산란이 끝나면 바로 그 위에 정자를 방출시킨다. 보통 부화와 양육은 암컷의 몫이지만, 가시고기의 경우는 정반대이다. 산란을 마친 암컷은 곧장 둥지를 떠나고, 그때부터 수컷은 먹이사냥마저 중단한 채 단 한순간도 둥지 곁을 벗어나지 않는다. 산란 후에 둥지 주변을 모래로 덮어 적의 침입으로부터 알을 보호하는 가시고기 수컷은, 다시 모래를 헐어내고 부화에 필요한 산소를 공급하기 위해 쉼 없이 부채질을 한다. 그리고 순차적으로 둥지 안에 있는 1000여 개의 알 중에서 100개 정도씩의 알 뭉치들을 끄집어내어 산소를 공급하고 다시 집어 넣는다.

사람들은 남녀가 만나는 것을 인연이라고 말한다. 그러나 의도

적인 구애행동이 없다면 결혼을 할 수 있을까? 사람의 구애행동에는 어떤 것들이 있을까? 여러분은 좋아하는 이성 친구에게 어떤 행동을 하는가? 그것이 바로 일종의 구애행동이다. 그리고 결혼을 하면 생물의 특성인 생식이 이루어지고 아기를 낳게 된다.

아기(사람)가 태어난 날인 생일을 '귀빠진 날' 이라고 한다. 태아는 머리가 크기 때문에 만약 출산 때 다리부터 나온다면 나중에 태아의 목이 걸려 심각한 결과가 초래될 수 있다. 따라서 머리부터 나오면서 태아의 귀가 보이면 안전한 출산이 이루어지고 있다는 것을 의미한다. 또한 생일을 '고고성일(呱呱聲日)' 이라고도 하는데, 이 말은 고고성(呱呱聲)을 울린 날이라는 뜻이다. 고고성은 아기가 세상에 나오면서 '응애' 하고 우는 첫 울음을 말한다. 기도가 열리면서 울음이 터지고, 이때부터 아기는 비로소 허파호흡을 할 수 있게 된다. 아기가 울지 않으면 간호사들이 아기의 엉덩이를 때리면서 울음을 유도하는 것도 이 때문이다. 따라서 아기의 울음소리는 세상에 자신의 출현을 알리는 최초의 인간 선언이라고 할 수 있다.

9. 돌연변이의 정체

DNA는 생물 개체의 형질을 나타내는 유전자로서, 염색체 속에 들어 있다. 사람의 체세포 염색체는 23쌍(46개)에 불과하지만, 유전형질은 무수히 많다. 한 개의 염색체에는 여러 개의 유전자가 함께 들어 있으며, 이 유전자들은 그 염색체와 행동을 같이 하는데 이를 연관이라고 한다. 예를 들어 루시 몽고메리(Lucy M. Montgomery)의 소설을 영화로 만든 《빨간 머리 앤》에서 앤은 빨간 머리이면서 얼굴에 주근깨가 있다. 그런데 실제로 빨간 머리 유전자와 주근깨 유전자는 연관되어 있어서 함께 유전된다.

유전물질인 DNA가 갑자기 변화해서 자손에게까지 전달되는 것을 돌연변이라고 하는데, 19세기 말 네덜란드의 식물유전학자인 위고 드 브리스(Hugo de Vries)가 큰 달맞이꽃에서 발견한 유전적인 별종에 대해 돌연변이라는 단어를 처음 사용하였다.

DNA에 이상이 생기거나 DNA가 들어 있는 염색체에 이상이 생기면, 돌연변이가 발생하여 유전된다. DNA에 이상이 생긴 유전자 돌연변이로는 알비노증(백색증), 페닐케톤뇨증, 겸상적혈구빈혈증 등이 있다. 알비노증은 멜라닌 색소 형성 유전자에 이상이 생겨 피부와 털이 하얗게 되는 유전 현상이고, 페닐케톤뇨증은 페닐케톤 분해

유전자에 이상이 생겨 페닐케톤이 분해되지 못한 채 그대로 오줌으로 빠져나오는 유전현상이다.

겸상적혈구빈혈증은 적혈구 형성 유전자에 이상이 생겨서 풀을 베는 낫 모양의 찌그러진 적혈구가 생기는 유전현상이다. 겸상적혈구 유전자는 열성(a)이고, 정상적혈구 유전자는 우성(A)이다. 겸상적혈구 유전자를 두 개 가진 사람(aa)은 겸상적혈구빈혈증으로 인해 어려서 사망하지만, 겸상적혈구 유전자를 한 개만 가진 사람(Aa)은 산소의 공급이 약할 때(고지대에 있을 때)나 산소가 많이 필요할 때(격렬한 운동을 할 때)에만 겸상적혈구빈혈증을 보이고, 평소에는 정상적으로 생활하면서 결혼하여 자식을 낳을 수 있다.

일반적으로 겸상적혈구 유전자는 드물게 존재하지만, 아프리카 일부 지역에서는 겸상적혈구 유전자의 빈도가 40퍼센트(빈도 0.4)나 되는 것으로 밝혀졌으며, 그 빈도가 줄어들지 않고 있다. 이것은 겸상적혈구 유전자가 말라리아에 대한 저항성을 가지고 있기 때문이다. 실제로 아프리카 지역에서 300명의 적혈구를 검사하고 이어서 말라리아 감염 여부를 조사한 결과, 정상(AA)인 사람은 45.7퍼센트가 말라리아에 걸렸고, 54.3퍼센트만이 말라리아에 걸리지 않았다. 그러나 빈혈증인 사람(Aa)은 22.6퍼센트만이 말라리아에 걸렸고 77.4퍼센트는 말라리아에 걸리지 않았다. 말라리아로 사망하지 않은 이 사람(Aa)들이 자식을 낳음으로써 겸상적혈구 유전자의 빈도가 다른 지역보다 높아진 것이다. 따라서 빈혈증인 사람들은 말라리아라는 자연현상에 대해 진화적으로 자연 선택되었다고 볼 수 있다.

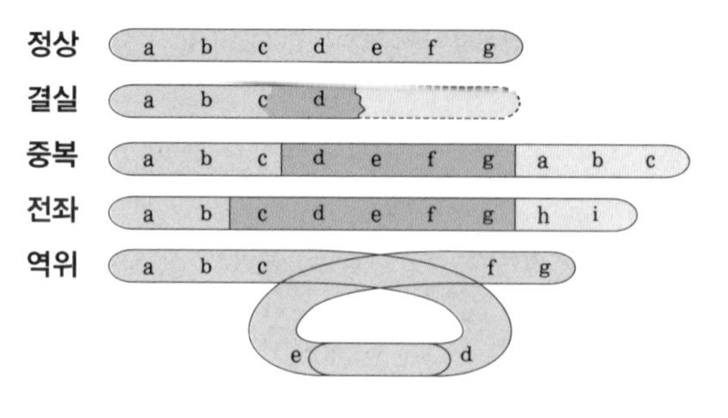

염색체 돌연변이

DNA가 들어 있는 염색체에 이상이 생기는 돌연변이로는 부분적 돌연변이와 숫자적 돌연변이 두 종류가 있다. 염색체의 부분적 돌연변이로는 결실(염색체의 일부가 없어진 경우), 중복(염색체의 일부가 더 붙은 경우), 역위(염색체의 일부가 끊어져 반대 방향으로 붙은 경우), 전좌(염색체의 일부가 끊어져 상동염색체가 아닌 다른 염색체에 부착되는 경우) 등이 있다. 또한 다섯번째 염색체가 결실된 돌연변이로 묘성증후군이 있는데, 묘성증후군을 가진 사람은 울음소리가 고양이 소리 같고 정신박약증세를 보인다.

염색체의 숫자적 돌연변이는 염색체 비분리 현상으로 만들어진 정자나 난자가 수정되었을 때에 발생하며, 배수성(3n, 4n, 5n……)과 이수성(2n±1, 2n±2……) 두 종류가 있다. 배수성 돌연변이의 대표적인 것으로는 우리나라 우장춘 박사가 인공 돌연변이로 만든 '씨없는 수박(3n)'이 있다. 여기서 염색체 비분리 현상이란 제1감수분열 후기 또는 제2감수분열 후기에 방추사가 결핍되어 일부 또는 전체의 염색체가 어느 한쪽으로만 끌려가는 현상을 말한다.

이수성 돌연변이로는 다운증후군(21번째 염색체가 3개인 남성 또는 여성: 2n=47=45+XX 또는 XY), 에드워드증후군(13번째 염색체가 3개인 남성 또는 여성: 2n=47=45+XX 또는 XY), 터너증후군(성염색체가 X 하나인 여성: 2n=45=44+X), 클라인펠터증후군(성염색체가 XXY인 남성: 2n=47=44+XXY), 트리플X(성염색체가 XXX인 여성: 2n=47=44+XXX) 등이 있으며 이들은 모두 정신박약 증세를 보인다. 다운증후군과 에드워드증후군은 상염색체가 비분리된 정자 또는 난자가 수정되어 생긴 돌연변이이고, 터너증후군과 클라인펠터증후군 그리고 트리플X는 성염색체가 비분리된 정자 또는 난자가 수정되어 생긴 돌연변이이다.

10. 쌍둥이의 이모저모

"일란성 쌍둥이(쌍생아)는 어떻게 만들어지는가?"를 질문하면, 대부분의 학생들이 "하나의 난자에 두 개의 정자가 수정되어 만들어진다"라고 응답한다. 일란성 쌍둥이가 만들어지는 과정을 정확하게 가르치고 나서 다시 같은 질문을 하면 그때는 정확한 응답을 들을 수 있다. 그러나 4주 정도 지난 후에 다시 같은 질문을 하면, 여전히 일부 학생에게서 "하나의 난자에 두 개의 정자가 수정되어 만들어진다"는 대답이 관찰된다. 일란성 쌍둥이에 대한 이러한 잘못된 생각은 학생들뿐만 아니라 일반인에게서도 많이 관찰되는 그릇된 개념이다.

정자와 난자가 수정되어 만들어진 수정란은 세포분열(난할)을 하여 2개, 4개, 8개, 16개……의 세포(할구)로 분열되는 난할기를 거친 후, 상실기→포배기→낭배기→배엽형성→기관형성 등 일련의 발생 과정을 거치면서 새 생명으로 태어나게 된다. 이 가운데 난할기에 두 개의 세포가 각각 완전하게 분리되어 독자적으로 발생함으로써 태어난 아이들이 일란성 쌍둥이다. 일란성 쌍둥이는 염색체와 유전자의 구성이 똑같기 때문에 생긴 모습과 성별도 똑같다.

한편 2세포기(할구기)에서 세포가 불완전하게 분리되어(다소 붙어서) 독자적인 발생으로 태어난 아이들은 신체의 일부분이 붙은 샴

쌍둥이로 태어나게 된다. 샴쌍둥이라는 명칭은 최초의 샴쌍둥이로 알려진 창(Chang)과 엥(Eng)이 샴(타이의 옛이름)에서 태어난 까닭에 붙은 이름이다. 현대의학에서는 뇌와 심장 등의 중요 기관을 공유하지 않은 샴쌍둥이는 수술을 통하여 분리할 수 있다.

일부 여성들의 경우에는 두 개 이상의 난자를 배출할 때가 가끔

일란성 쌍둥이는 염색체와 유전자의 구성이 동일하기 때문에 생긴 모습과 성별도 똑같다.

있다. 이 두 개의 난자에 한 번 사정으로 방출된 1억 마리 이상의 정자 가운데 가장 빨리 도달한 두 개의 정자가 각각 수정되어 태어난 아이들을 이란성 쌍둥이라고 부른다. 만약 세 개의 난자에 세 개의 정자가 각각 수정된다면 삼란성 쌍둥이가 태어날 것이다. 이란성 쌍둥이는 염색체와 유전자 구성이 형제만큼 차이가 있기 때문에 생긴

모습이 서로 똑같지 않다. 또한 성별은 같을 수도 있고 다를 수도 있다. 왜냐하면 모든 난자는 X염색체를 가지고 있으나 정자는 X 또는 Y 염색체를 가지고 있기 때문이다.

즉 두 개의 난자(X)에 두 개의 정자(X)가 각각 수정되면 두 명의 이란성 딸(XX)이 태어나고, 두 개의 정자(Y)가 각각 수정되면 두 명의 이란성 아들(XY)이 태어난다. 또 한 개의 정자(X)와 또 한 개의 정자(Y)가 각각 수정되면 이란성 딸(XX)과 아들(XY)이 태어나고, 반대로 한 개의 정자(Y)와 또 한 개의 정자(X)가 각각 수정되면 이란성 아들(XY)과 딸(XX)이 태어나게 된다. 따라서 이란성 쌍둥이의 성별이 같을 확률은 50퍼센트이다.

퇴화되지 않고 난자에 붙어 있던 극체가 정자와 수정되는 경우가 가끔 있다. 난자와 정자가 수정된 수정란은 정상적으로 발생하여 아이로 태어나지만, 극체와 정자가 수정된 수정극체는 발생이 중지되며 태어난 아이의 신체 일부분에 종양 상태로 남게 된다. 수정극체가 종양을 일으키는 이유는 수정란과 수정극체 사이의 염색체와 유전자 구성이 이란성 쌍둥이처럼 형제만큼의 차이를 갖기 때문이다. 이러한 유전적 차이 때문에 수정란이 발생하여 태어난 아이에게 수정극체가 조직 거부반응을 일으킨다. 또한 수정란이 정상적으로 발생하는 데 반해 수정극체는 세포질이 거의 없기 때문에 발생이 중지된다. 따라서 난자의 세포질이 발생에 중요한 역할을 한다는 것을 알 수 있다. 실제로 생명공학의 일종인 핵이식(핵치환) 기술로 복제양 돌리, 복제소 영롱이와 진이, 사람의 줄기세포를 만들 때, 핵을 제거한 미수정란의 세포질이 이용되었다.

쌍둥이를 조사하면 유전과 환경에 대한 연구를 할 수 있다. 왜냐하면 같은 환경에서 자란 쌍둥이의 차이가 일란성 쌍둥이 사이에서는 환경에 의한 것이지만, 이란성 쌍둥이 사이에서는 유전과 환경 요인이 모두 작용하고 있기 때문이고, 또한 서로 다른 환경에서 자란 일란성 쌍둥이 사이의 차이는 환경에 의한 것이기 때문이다.

예를 들면, 일란성 쌍둥이는 317쌍 가운데 80.3퍼센트가 동시에 정신분열증이 발병하였으나 이란성 쌍둥이는 13.0퍼센트가 동시에 발병하였다. 일란성 쌍둥이 중에서도 발병 전에 함께 산 경우에는 정신분열증 발병률이 91.5퍼센트로 높았고, 떨어져 살고 있던 경우에는 77.6퍼센트로 다소 낮았다. 따라서 정신분열증은 일차적으로 유전적 요인이 강하게 작용하고, 이차적으로 환경적 요인이 작용함을 알 수 있다. 또한 일란성 쌍둥이의 지능 일치율은 90퍼센트이지만 이란성 쌍둥이의 지능 일치율은 52퍼센트 정도이다. 그러므로 지능 또한 환경보다 유전적인 영향을 많이 받는다고 추정할 수 있다.

11. 혈우병으로 발생한 러시아혁명

여성과 남성이 각각 달리 가지고 있는 한 쌍의 염색체를 성염색체라 한다. 여성은 22쌍의 상염색체와 XX의 성염색체를 가지고 있고 (2n=46=44+XX), 남성은 22쌍의 상염색체와 XY의 성염색체를 가지고 있다(2n=46=44+XY).

'아들 딸 구별 말고 둘만 낳아 잘 기르자', '잘 키운 딸 하나 열 아들 안 부럽다.' 한때 우리나라에서는 이런 가족계획 표어를 많이 볼 수 있었다. 1960년대까지 인구증가율이 빠르게 증가하자 정부는 인구증가 억제정책을 실시했다. 깊이 배인 남아선호사상이 인구증가의 한 요인으로 작용했기 때문에 이러한 표어로 국민들을 계몽하였던 것이다.

성별은 성염색체에 의해 결정되는데 난자에는 한 개의 X염색체를 가진 한 종류의 난자만이 있는 데 반하여, 정자에는 한 개의 X염색체를 가진 정자와 한 개의 Y염색체를 가진 정자 두 종류가 있다. 아들이 태어나거나 딸이 태어나는 것은 어떤 정자가 난자와 수정되느냐에 달려 있다. 그러므로 아들 또는 딸이 태어날 확률은 각각 50 퍼센트이다. 그야말로 생물학적 양성평등인 것이다.

아빠(XY)의 X염색체는 딸에게 내려가고 Y염색체는 아들에게 내려간다. 그리고 엄마(XX)의 X염색체 하나는 딸에게 내려가고 하나는 아들에게 내려간다. 따라서 아들(XY)의 X염색체는 엄마에게 받은 것이고 Y염색체는 아빠에게 받은 것이며, 딸(XX)은 엄마와 아빠에게서 X염색체 하나씩을 받은 것이다.

남녀가 다르게 갖는 성염색체(Y) 유전자에 의한 유전은 남성에게만 유전되는데, 이를 한성유전이라 한다. 한성유전에는 귓속털 과다증, 남성의 특징, 수사자의 털갈기 등이 있다. 따라서 귓속에 털이 많은 집안에는 모든 남자들이 귓속에 털이 많다. 반면에 남녀가 공통으로 갖는 성염색체(X) 유전자에 의한 유전은 여성과 남성 모두에게 유전되는데, 이를 반성유전이라 한다. 반성유전에는 색맹과 혈우병 등이 있다.

색맹은 눈의 망막에 있는 시세포의 하나인 원추세포에 이상이 생겨 색을 구별하지 못하는 유전적 질환으로, 정상유전자(X)가 색맹유전자(X')에 대해 우성이다. Y염색체는 남성만을 결정하여줄 뿐 색맹유전과는 관계없다. 따라서 여성에게는 색맹(X'X'), 보인자 정상(X'X), 정상(XX) 세 가지 유전자형이 있고, 남성에게는 색맹(X'Y)과 정상(XY) 두 가지 유전자형이 있다. 색맹에는 색을 전혀 구별하지 못하는 전색맹과 녹색과 적색을 구별하지 못하는 적록색맹이 있는데, 적록색맹인 사람은 색맹 검사판의 숫자를 바르게 인식하지 못하기 때문에, 적록색맹인 사람을 위하여 교통 신호등의 적색등에는 황색이 첨가되어 있고, 녹색등에는 청색이 첨가되어 있다.

혈우병은 혈소판 속에 들어 있는 혈액응고효소(트롬보키나아제)

가 부족하여, 상처를 입었을 때 혈액이 잘 응고되지 않는 유전적 질환이다. 혈우병 유전도 색맹 유전과 마찬가지로 정상유전자(X)가 색맹유전자(X')에 대해 우성이며, Y염색체는 남성만을 결정하여줄 뿐 혈우병 유전과는 관계없다. 그러나 X'X' 인 여성은 치사되어 태어나지 못하기 때문에 여성에게는 혈우병이 없다.

19세기에 해가 지지 않는 나라 영국을 이끌었던 빅토리아 여왕은 혈우병 보인자였다. 여왕의 자손 가운데 한 명의 아들과 세 명의 손자가 혈우병이었고, 딸 베아트리체와 앨리스, 손녀인 알렉산드라와 이레느는 보인자였다. 당시 유럽 왕가의 관습대로 여왕의 자손들도 다른 나라 왕가와 서로 결혼하였기 때문에 혈우병은 유럽의 여러 왕가로 퍼지게 되었다. 그 가운데 손녀인 이레느 공주는 프러시아로 시집을 갔고, 알렉산드라 공주는 러시아의 로마노프 왕가로 시집을 갔다.

특히 러시아의 니콜라이 2세 황제와 결혼한 알렉산드라 공주는 러시아의 황위 계승자였던 아들 알렉시스 황태자에게 혈우병 유전자를 전달하였다. 알렉산드라 황후는 러시아를 직접 통치하지는 않았지만 남편인 러시아 황제에게 매우 큰 영향력을 행사하였는데, 아들에 대한 사랑 때문에 종종 잘못된 판단을 내리곤 하였다. 즉 당시로서는 혈우병을 치료할 방법이 없었음에도 라스푸틴이라는 사제가 알렉시스를 치료하겠다고 나서자 황후는 그를 신임하게 되었다. 그 결과 라스푸틴은 알렉산드라 황후를 조정하게 되었고, 니콜라이 황제의 신임까지 독차지하여 자신의 이익을 탐하며 횡포를 부리기에 이르렀다. 그 결과 러시아 정국의 부정부패가 극에 달하게 되었고, 1917년 결국 러시아혁명이 일어나 러시아 왕조가 무너지면서 니콜라이 황제 일가도 처형되고 말았다.

12. 사람은 동물이 아니다?

박쥐와 고래, 사람의 그림을 제시하면서 동물적 유형을 이야기하라고 하면, 초등학생들은 약 3분의 1이 '박쥐는 새, 고래는 물고기, 사람은 동물이 아니다' 라는 대답을 하고, 중학생들 또한 약 4분의 1이 틀리게 설명한다. 고등학생의 경우에는 대부분이 '박쥐, 고래, 사람 모두 포유동물' 이라고 타당한 설명을 하지만 일부 학생들은 여전히 '사람은 동물이 아니다' 라고 대답한다.

학생들은 성장해 가면서 인지수준의 발달과 학교교육의 도움으로 잘못된 과학 개념에서 타당한 과학 개념으로 변화한다. 그런데 왜 '사람은 동물이 아니다' 라는 생각만큼은 좀처럼 변화되지 않는 것일까? 그것은 아마도 정치, 경제, 문화, 역사, 종교 등의 사회현상이 사람 중심으로 구성되어 움직이고 있기 때문일 것이다. 심지어 자연현상도 과학기술이라는 형태를 띠면서 사람 중심으로 해석되고 경험되기 때문에 '사람은 동물이 아니다' 라는 생각을 고수하게 된다.

또한 사람이 만물의 영장이라는 의식과 신이 인간을 '창조했다' 는 믿음 때문이기도 할 것이다. 즉 사람을 자연과 별개의 것으로 보기 때문에 '사람은 동물이 아니다' 라고 생각한다. 물론 사람은 동물과 다르다. 일반적으로 동물이 본능에 따라 행동하는 반면, 사람은 생각을 하고 언어를 사용하며, 도구를 만들어 쓰고 사회를 이루며 산다. 그래서 이성적이지 못하고 본능에 치우쳐 행동하는 것을 우리는 '동물적' 이라고 표현한다. 하지만 사람을 자연과 같은 선상에 놓고 과학(생물학)적으로 들여다보면, 사람은 생물이고 동물이며 포유동물이고 영장류이다.

영장류 중에서 특히 사람과 닮은 것이 유인원(침팬지, 오랑우탄, 고릴라)인데, 초기의 사람은 신체구조나 얼굴 모양이 현재와는 달리 유인원과 흡사했다. 그러나 두 다리로 서서 걷기에 알맞은 다리 구조를 가지면서부터 팔이 보행이라는 동작에서 해방되었고, 이렇게 자유로워진 손으로 도구를 만들어 다루게 됨으로써 새로운 세계를 열게 되었다. 게다가 직립 후에 나타난 뇌의 발달은 생물로서의 사람이라는 특성을 더욱 가속화시켰다.

생물의 진화 입장에서 사람이 가장 진화한 고등동물이고 만물의 영장이라는 것은 사실이다. 그러나 사람이 동물계-척추동물문-포유강에 속하는 생물인 것도 사실이다. 사람이 같은 포유류에 속하는 동물들과 해부학적 구조 및 생리학적 기능이 비교적 유사하기 때문에 쥐와 토끼 등의 포유류가 실험동물로 이용되는 것이다.

13. 벙어리장갑이 손가락장갑보다 따뜻한 이유

정육면체의 표면적을 구하는 공식은 '가로×세로×6(면)' 이고, 부피를 구하는 공식은 '가로×세로×높이' 이다. 그렇다면 한 변의 길이가 1m, 3m, 6m, 8m, 10m인 정육면체의 표면적(m^2)과 부피(m^3)를 구하여 보자. 표면적과 부피를 계산해보면 각각 [$6m^2$, $1m^3$], [$54m^2$, $27m^3$], [$216m^2$, $216m^3$], [$384m^2$, $512m^3$], [$600m^2$, $1000m^3$]이 되며, 부피에 대한 표면적의 비율[(표면적/부피)×100]은 각각 600퍼센트, 200퍼센트, 100퍼센트, 75퍼센트, 60퍼센트가 된다.

어떤 물체가 일정한 크기 이하로 작아지면 표면적이 부피에 비해 상대적으로 넓어지고, 일정한 크기 이상으로 커지면 표면적이 상대적으로 좁아진다. 표면적과 부피의 이러한 관계는 여러 현상에서 관찰된다. 예를 들면 각설탕은 상대적으로 표면적이 좁고 일반적인 입자 설탕은 표면적이 넓기 때문에, 입자 설탕은 물에 빨리 용해되고 각설탕은 천천히 용해된다. 따라서 커피 애호가들은 각설탕을 넣은 커피를 마시면서, 천천히 용해되는 각설탕의 단맛을 즐기곤 한다.

또한 벙어리장갑은 손가락장갑에 비해 상대적으로 표면적이 좁아서 그만큼 외부로 열을 덜 빼앗기기 때문에 손가락장갑보다 따뜻하다. 잠을 잘 때 추우면 몸을 웅크리는 것도 같은 이치이다. 몸을 웅크리면 그만큼 표면적이 좁아져서 외부로 빼앗기는 열을 줄일 수 있기 때문이다. 음식물을 입에서 잘게 씹으면 그만큼 음식물의 표면적이 넓어져서 소화액이 작용할 수 있는 면적이 넓어진다. 세포가 분열하지 않고 계속 성장을 한다면 세포의 표면적(세포막)이 부피에 비해 상대적으로 좁아지기 때문에, 세포막을 통한 물질(영양물, 노폐물)과 기체(산소, 이산화탄소)의 출입이 충분하지 못하게 된다. 따라서 세포는 일정한 크기 이상이 되면 두 개의 작은 세포로 분열하여 표면적을 넓혀야 한다.

건물의 경우에는 크게 지을수록 상대적으로 표면적(유리창 면적)이 좁아지기 때문에, 햇빛이 적게 들어와서 실내가 어둡게 된다. 따라서 실내체육관 같은 대형 건물은 전기와 전등의 발명 이후에야 건설될 수 있었다. 북극여우는 큰 체구에 비해 귀와 입 등의 돌출 부위가 작고, 사막여우는 귀와 입 등의 돌출부위가 크지만 체구가 작

추위와 더위에 적응하기 때문에 지역에 따라 여우들의 생김새가 다르다.

다. 따라서 북극여우는 상대적으로 표면적이 좁아 외부로 열을 덜 빼앗기며 추위에 적응하고, 사막여우는 표면적이 넓어서 외부로 열을 많이 방출하며 더위에 적응한다.

소설 《걸리버 여행기》에 나오는 소인국 사람은, 정상인에 비해 상대적으로 표면적(피부면적)이 넓다. 넓은 피부를 통하여 외부로 무진장 많은 열을 빼앗기므로, 빼앗긴 만큼의 열을 보충하여 체온을 유지해야만 생존할 수 있다. 많은 열을 보충하기 위해서는 체내 발열 반응인 세포호흡을 대단히 많이 하여야 하고, 많은 세포호흡을 위해서는 영양소(포도당 등)와 산소가 대단히 많이 필요하다. 많은 양의 산소와 포도당을 온몸 구석구석 세포에 전달하기 위해서는 심장이 대단히 빨리 뛰어야 하고, 허파운동도 숨 가쁘게 하여야 하며, 영양소를 얻기 위해 쉬지 않고 많은 음식을 먹어야 한다. 이러한 소인국 사람은 소설에서나 나오는 존재이지, 실제로 소인국 사람만한 크기의 정온동물(체온을 일정하게 유지하는 동물)은 지구상에 없다. 어린아이의 심장박동과 호흡의 횟수가 어른보다 많은 것도 같은 이치이다.

또한 물질을 구성하는 원자들은 입자 내부보다 표면에 많이 존재하기 때문에, 어떤 물질이 나노입자 크기로 작아지면 기존의 물질과는 전혀 다른 물리화학적 성질이 나타난다. 나노(nano)라는 용어는 난쟁이를 의미하는 그리스어 '나노스'에서 유래된 것으로, 10억 분의 1을 가리키는 미세 단위이다. 1나노미터는 머리카락 굵기의 10만 분의 1정도이고, 원자 4~5개를 붙여놓은 정도의 크기인데, 어떤 물질이나 물체를 나노 크기로 줄이거나 나노 크기 수준에서 조작하는 기술을 나노기술(nano technology)이라고 한다.

현재 나노기술은 새로운 기술영역을 구축하고, 크기와 소비 에너지 등은 최소화하면서도 최고의 성능을 구현하고자 하는데, 이러한 나노기술이 기능성 화장품 분야에도 활용되고 있다. 특정 성분을 피부 속에 전달하는 나노 구조체는 피부세포보다 크기가 작기 때문에 피부조직에 쉽게 흡수될 수 있다. 뿐만 아니라 나노 구조체는 미백(美白)이나 주름살 제거 등의 기능을 하는 생리 활성물질과도 쉽게 결합한다. 따라서 생리 활성물질과 결합한 나노화장품을 바르면, 미백이나 자외선 차단 등 원하는 효과를 얻을 수 있다. 시중에 판매되고 있는 극세사 고급행주도 나노기술이 활용된 제품이다. 행주를 만든 극세사는 기존의 실보다 3분의 1 정도 가늘기 때문에 아홉 배 정도 표면적이 넓어지며, 그만큼 모세관 현상이 높아져서 많은 물기를 흡수한다.

반도체 미세기술을 극복하기 위한 대안으로 연구가 시작된 나노기술이 현재는 전자와 정보통신은 물론 기계, 화학, 바이오, 에너지 등 거의 모든 산업에 응용되며, 인류문명을 획기적으로 바꿀 기술로 떠오르고 있다.

14. 담배와 술, 그리고 건강

담배(*Nicotiana tabacum*)는 종자식물문 쌍떡잎식물강 통화식물목 가지과에 속하는 식물로, 1492년 크리스토퍼 콜럼버스(Christopher Columbus)가 아메리카 대륙 인디언들이 피우던 담배를 유럽에 알리면서부터 전 세계로 퍼져나갔다. 우리나라에는 1608~1616년에 일본에서 들어온 것으로 보이는데, 당시 우리나라는 의약품이 발달하지 못한 때였으므로 담배를 의약품으로 많이 사용하였다. 예를 들어 기생충 때문에 복통이 심할 때 담배를 피워 진통시켰고, 치통이 있을 때 담배연기를 입안에 품어 진통시켰으며, 곤충에 물렸을 때는 상처 부위에 담배를 피운 후의 침을 바르는 등 상처의 지혈 또는 화농 방지에 이용하였다. 또한 이렇다 할 기호품이 없었기 때문에 상하계급을 막론하고 담배를 피우는 풍습이 급속히 퍼져나갔다.

담배가 몸에 해롭다는 것은 누구나 다 알고 있는 사실이다. 그런데 담배의 어떤 성분이 어떤 작용을 하기에 몸에 나쁜 것일까? 담배연기를 한 번 들이마실 때마다 약 50밀리리터의 담배연기가 체내로 흡수된다. 담배연기 속에는 약 4000종의 화학물질이 들어 있으며, 그중 많은 물질이 인체에 해로운 영향을 미친다. 특히 니코틴, 타르, 일산화탄소 등은 매우 해로운 물질로 알려져 있다.

백해무익한 담배, 특히 청소년들에게 해롭다.

니코틴은 습관성 중독을 일으키는 마약성 물질로서 담배를 끊기 어렵게 하고, 심장박동 촉진, 혈관 수축, 혈압 상승 등의 작용을 하며, 고혈압과 동맥경화증, 골다공증 등의 원인이 된다. 또한 이자에서 탄산수소나트륨의 분비를 억제하기 때문에 십이지장으로 내려온 산성 음식물이 중화되지 않아 십이지장 궤양을 일으키기도 한다.

타르는 담배연기를 입에 넣었다 내뿜을 때 생성되는 흑갈색 물질로서 미립자가 농축되어 있으며, 식으면 액체가 된다. 담배의 독특한 맛을 내는 성분인 타르는 기관지 내의 섬모를 파괴하여 기관지염과 폐렴의 원인이 되고, 타르에 들어 있는 20여 종의 발암물질이 폐암과 방광암, 구강암과 설암 등의 원인이 된다. 또한 일산화탄소는 헤모글로빈의 산소 운반능력을 저하시키며, 호흡곤란, 시력감퇴, 두통, 학습능력 저하 등을 유발하기도 한다. 이밖에도 흡연으로 인해 산소의 공급량이 감소하면, 심장근육의 산소부족으로 협심증, 심근경색 등의 증상이 나타날 수 있다.

임신부가 담배를 피우면 태아의 만성 저산소증을 유발해 유산 등의 원인이 되기도 한다. 특히 청소년기부터 흡연을 한 사람은 청소년기 이후부터 흡연을 한 사람에 비해 여러 가지 질병에 걸릴 가능성이 두 배 이상 높다. 담배가 타면서 발생하는 연기를 부류연(sidestream smoke)이라 하고, 흡연자가 들이마시는 연기를 주류연(mainstream smoke)이라고 한다. 그런데 부류연에는 주류연보다 훨씬 더 많은 유해물질이 포함되어 있어서, 간접흡연에 노출된 어린이와 청소년, 흡연자의 가족들은 흡연 관련 질병에 걸릴 위험이 더 커진다.

한편 에틸알코올이 함유되어 있어서 마시면 취하게 되는 음료를 술이라고 한다. 술은 인류 역사와 함께 시작된 음료로서, 축제나 종교적 의식 그리고 약용 등으로도 널리 이용되어 왔다. 기원전 1500년경 이집트 제5왕조의 묘에는 비교적 상세한 맥주 제조 기록이 보존되어 있다. 술의 원료는 그 지방의 주식(主食)과 대략 일치하기 때문에 어패류나 바다동물이 주식인 에스키모인들에게는 술이 없었다고 한다. 또한 술은 종교와 결부된 경우가 많은데, 예를 들면 가톨릭에서는 신부님들이 미사를 집전할 때 예수님의 피를 상징하는 포도주를 마신다.

술이 몸에 해롭다는 것 역시 누구나 다 알고 있는 사실이다. 그렇다면 술은 어떤 성분이 어떤 작용을 하기에 몸에 나쁜 것일까? 술의 주성분은 에틸알코올이며, 위나 소장에서 흡수되어 대부분 간에서 분해된다. 그러나 음주량이 많으면 에틸알코올이 완전히 분해되지 못한 채 중간물질인 아세트알데히드가 되어 두통 등을 일으킨다.

에틸알코올은 운동신경을 마비시키고, 위산 분비를 촉진시켜 위 점막을 상하게 하므로 위벽이 손상되어 위염이나 위궤양을 일으키며 식도나 위의 출혈을 일으키기도 한다. 특히 간에서 분해되지 못한 여분의 에틸알코올은 지방으로 전환되어 지방간이 되고, 지방간이 쌓인 간은 딱딱해지면서 간경화로 발전되며, 간경화가 된 간은 간암으로 발전한다.

술에 취하여 피부가 빨갛게 되는 것은 에틸알코올이 혈관의 신경을 자극하여 혈관을 확장시키고, 동시에 심장박동을 빠르게 하여 혈액순환이 왕성해지기 때문이다. 반면에 얼굴색이 파랗게 되는 것은 확장신경이 마비되어 혈관이 수축되기 때문이다.

담배와 술은 백해무익(百害無益)한 것이다. 청소년들에게는 더더욱 그렇다. 성인이 되어서도 지나친 음주는 삼가해야 하고, 가능한 한 담배는 배우지 않는 것이 바람직한 일이다.

초판 찍은 날 2007년 10월 15일 **초판 펴낸 날** 2007년 10월 22일

지은이 최승일
펴낸이 변동호
출판실장 옥두석 | **책임편집** 이선미, 변영신 | **디자인** 김혜영 | **일러스트** 임동일 | **마케팅** 김현중 | **관리** 이정미

펴낸곳 (주)양문 | **주소** (110-260)서울시 종로구 가회동 170-12 자미원빌딩 2층
전화 02.742-2563~2565 | **팩스** 02.742-2566 | **이메일** ymbook@empal.com
출판등록 1996년 8월 17일(제1-1975호)
ISBN 978-89-87203-85-0 03400 잘못된 책은 교환해 드립니다.